うるさい日本の私

中島義道

角川文庫
19808

まえがき

私は病気である。ほとんどまともな生活ができなくなってしまい、症状はますますヒドクなる。私は街へ出るのが怖い。街を歩くことが、電車に乗ることが、銀行に行くことが、買い物をすることが、喫茶店に入ることが……、いや街ばかりではない。行楽地に行くことはもっと恐ろしい。……いや、外に出なくとも、家にいてもなお怖いのだ。

その病名は「スピーカー音恐怖症」である。現代日本では、われわれは一歩家を出るや否や、スピーカーによる挨拶《あいさつ》、注意、提言、懇願の弾丸を浴びねばならない。「まもなく終点でございます。足もとにお気をつけください。まもなく終点でございます、足もとにお気をつけください。エスカレーターにお乗りのさいはベルトにおつかまり黄色い線の内側に……。エスカレーターにお乗りのさいはベルトにおつかまり黄色い線の内側に……。駆け込み乗車はあぶないですからおやめください。駆け込み乗車はあぶないですからおやめください。左へ曲がります。左へ曲がります。バックします。バックします。走行中急停車することがありますので、お立ちの方はつり革や手すりにおつかまりください。走行中急停車することがありますので、お立ちの方はつり革や手すりにおつかまりください。当駅では終日禁煙です、おタバコはご遠慮ください。当駅では終日禁煙です、おタバコはご遠慮ください。新幹線をご利用くださいましてありがとうございます。新幹線をご利用くださいましてありがとうございます。お客さまのお呼び出しを申しあげます。お客さまのお呼び出しを申しあげます。……」

家にいても、焼き芋屋、網戸屋、竿竹《さおだけ》屋にたたき起こされ、消防署や警察署の広報車に脳天をぶち割られる。一九八四年にヨーロッパから帰った直後に発病し、加速度的に症状が重くなっている。ここ一〇年のあいだスピーカー音（とくにテープ音）が確実に二倍いや三倍に増えていることにもよろう。

家から一歩外に出るときには、耳栓をしっかりはめる。何かの拍子で手もとになかったときや途中紛失したときは酸素ボンベが外れたダイヴァーのように生命の危機を覚える。だが、いかなる耳栓も外界の轟音《ごうおん》をシャットアウトしてくれないので、スピーカー音地獄地帯をくぐり抜けるときは、それに加えてCDデッキに「オペラ」を入れてイヤフォンで最大音量にして聞く。だが、これはヒドク苦痛である。したがって、この病気は私の行動範囲を極小にまで限定する。

私は買い物に行くことができない。ほとんどすべての店はすさまじい音楽をかけており、エスカレーターの注意、禁煙の呼びかけ、催し物の案内、呼び出し……と地獄そのものである。行楽地に行くこともなくなった。子どもが小さいときはプールや海に連れていったが、そこはまたアアしてはいけないコウしてはいけないという注意放送漬け、そのうえ音楽はひっきりなしにかかっている。お花見も駄目。屋台のお店も花見客もラジオないしCDを大音響でかけているから。盆踊りもアノ壮絶なスピーカー音には耐えられるものではない。幼稚園児を相手にするような注意放送だらけのバスに乗ることは恐怖以外の何ものでもなく、ほとんどすべての運転手がラジオをつけているタクシーに乗るにも「勇気」がいる。新幹線や病院の待合室に入ることも苦しい。かならずテレビが置いてあるから。床屋に行くこともなくなった。かならずラジオがかかっているから。

とりわけ恐ろしいのは銀行である。機械が一〇台並んでいれば、「いらっしゃいませ。毎度ありがとうございます」という挨拶を自分の番が来るまで、約五〇回は聞かねばならない。さらに「利回りのよい〇〇貯蓄をどうぞ……」という宣伝放送が入り「〇〇番の番号札をおもちのお客さま〇の窓口にお越しください」という甲高いテープ音がたえず炸裂《さくれつ》するのだ。そして、美術館、図書館、喫茶店、銀行、デパート等々、つまりすべての施設の閉館（店）時間が私は恐ろしい。蛍の光のメロディーが大音響でエンエンと流れ、機械音による挨拶・感謝放送が爆撃するから。

なら、田舎に住めばいいだって。とんでもない！　そこにはスピーカー音でも横綱級の「防災無線」があるのだ。「〇〇方面でただ今火事が発生しました。迷子の老人が出ております。今、野菜が安くなっております……」このほか数々の「気をつけましょう！　ご連絡ください！　気をつけましょう！　ご連絡ください！」という叫び声が一日じゅう各家の扉も蹴破《けやぶ》って入ってくるのである。

このような仕打ちを日々受け、しかもだれからも同情されないとなると、ひがみ根性は頭をもたげ、品性ははなはだ卑しくなる。そうなってはならないと思いつつも、――「発音源者」のみならず――私の苦しみをよそに平然と街を歩く人々、駅で電車をニコニコ顔で待つ人々、涼しい顔で銀行に集う人々が無性に憎くなってゆく。さらに、私はひとりで生きているわけではないから、こうした私の「偏向」は周りの者をも巻き込み、悩ませる。私の仲間たちはみなそうであるが、まず家族が味方してくれない。たえず「テレビやステレオの音が大きい！」と隣近所に苦情を言い、竿竹屋や網戸屋の音がするや否や家を飛び出すわけであるから、家族はヒヤヒヤものである。私の帰宅が遅いと「大喧嘩《おおげんか》でもしたのでは？　もしや刺されたのでは？」と心労は絶えない。つまり、私は周りの者を確実に不幸にしている「やっかい者」であり、しかもそれを変えることはできないのだ。

　こうした構造を骨の髄まで自覚するにつれ、じつは同じ構造はいたるところにあるのだなあ、と思うようになった。一般化して、その残酷さを書き連ねてみよう。

一、本人にとっては苦痛であるのに、たとえ告白したとしても「ささいなこと」として片づけられてしまう。
二、したがって、それを訴えること自体が「わがまま」だとみなされ嫌がられる。
三、とすると「自分で解決する」ほかないわけだが、さしあたりいかなる解決も思い浮かばない。

四、しかも、これは「考え方」によって変わるものではなく、忘れることもできず、日々いや刻々苦痛を覚えねばならない。
五、しかも、マジョリティ（多数派）には通じないのだから、実社会で生きてゆくためには、それが「気にならないふう」をつねに演じていなければならない。
六、だんだんそうしているうちに、恐ろしいことに「自分がいけないのではないか」と思い込んでしまう。
七、このことから、自己嫌悪がはなはだしくなる。
八、だが、――あきらめること以外――ほんとうに解決はない。

現代日本で身長一五五センチメートルの若者は、この悩みを知っている。偏差値四〇の大学生はこの悩みを知っている。「醜い」としか言いようのない女性（たしかにいるものである）はこの悩みを知っている。身体障害者や精神障害者なら、その人権は手厚く保護される。彼らは人権侵害に対して声を大にして訴えることができる。だが、身長一五五センチメートルの若者が「チビ同盟」を結成してその苦しみを訴えることができようか？　偏差値四〇の大学生が「アホ同盟」を結成して「われわれを軽蔑《けいべつ》するな！」と叫んでもだれが耳を傾けよう？　まして、醜い女性が「ブス同盟」を結成してみても、それはけっこうなお笑い種《ぐさ》であろう。ここで、マジョリティはワッハッハッとあるいはニヤニヤと笑って、彼らのまなざしを手で遮り彼らの苦しみを切り捨ててしまうのだ。

悩む人々は、力なくその笑いにつきあうしかない。自嘲《じちょう》するしかないのである。だから、だれもこんな傷口を掻《か》きむしるような「同盟」など結成しないのだ。かくして、彼らは「正常値」のうちにあるがゆえに、いかなる声を発することもできず、社会問題にすることもできず、彼らの「悩み」は打ち捨てられた悩みとなる。彼らは来る日も来る日もあきらめつづけ、そして「悩み」をじっと抱いたまま死ぬよりほかはないのだろうか？

もう少し深刻度を高めると、レイプされた女性、親や兄弟が殺人者である者、（薬害によってではなく同性愛による）エイズ患者などは、やはり「声」を発することのできない者、同盟を結成できない者である。自分にはなんの罪もなくとも、世間から裁かれる理不尽さ、しかもそれを告発できない残酷さを痛感しているにちがいない。そうなのだ。一見平和そうなこの日本も、あなたのすぐそばに、こうした「悩み」にあえいでおり、しかもそれを訴えることができない多くの人々がいるのだ。スピーカー地獄と戦っているうちに、私はその独特の残酷な構造がよく見えるようになった。現代日本のように、表面的な平等化が進み、飢えも暴動も戦争もないところでは、みんな「小さな差異」に敏感になり、「正常値のうちの下限にいる人々」は、ますます救われない。これは、ほんとうにたいへんなことである。

あなたがこうした「悩み」を切り捨てようとするなら、そんな「悩み」にこだわらず「もっと重要なこと」に目を向けよと言うなら、あなたは何も目が見えない人である。われわれがいかに日常の「小さなこと」によって苦しみあえぐか、それが些細《ささい》に見えるからこそ、いかに「解決」は難しく、他人の共感を呼ばず、ますます当人を不幸にしてゆくか、このメカニズムを知らないとしたら、ほかに何を知っていようとあなたは無知である。

目次

1　言葉の氾濫と空転

「実効を期待しない」言葉のカラ回り

エスカレーターをご利用のお客さまは、手すりをしっかりにぎって足もとの黄色い線の内側にお乗りください。小さなお子さまをお連れのお客さまは、かならず手をひいて真ん中にお乗せください。ゴム靴をお履きのお子さまはとくに滑りやすいので、気をつけてあげてくださいませ。大きなお荷物をおもちの方、お足もとがあぶのうございますので、手すりをしっかりにぎって足もとにお気をつけください。よい子のみなさん、じょうずにエスカレーターに乗っていますか。逆の方向に降りたりすることは危険ですから絶対にやめましょう。エスカレーターから降りるときは、ステップの継ぎ目に足をはさまれないよう注意して降りましょう。

京都観光デパートの入口、京都駅ビル正面のエスカレーター放送である。じつは、これだけではない。この途中にも、デパートの宣伝や音楽がたえまなく入るが、それはさておき、このエスカレーターは二階に昇るだけの五メートルほどの長さのものであり、以上の放送を全部聞くには数回くりかえし利用しなければなるまい。ただ二階に通ずるエスカレーターに乗るだけのために、なぜこれだけの注意をしなければならないのか。はじめはただただ不思議で、観光デパートの事務所におもむき議論をし、さらに手紙を出してみたが、いっこうにやめてはくれない。というより、不思議なほど話が通じないのである。いや、もっと不思議なことは、エスカレーターを利用する人々は以上のような煩瑣《はんさ》な注意放送を聞いてもまったく馬耳東風といった面持ちなのだ。これに関しては、英語学者・鈴木孝夫の卓見がある。

第一に気がつくことは、私たちの身の周りには実効を直接期待しない、たんなる希望的理念の表明に終わってしまっている細かな規則があまりにも多い、という事実である。……

これを母親が子どもを叱るさいの言葉の使い方と比較してみると、そこに日本型の言葉による他者の行動規制の特徴の一つが浮かびあがってくる。電車の中や病院の待合室などで退屈した子どもがあたりかまわず騒ぎたてたり、椅子の上で跳ねたりすると、たいていの母親は、「おやめなさい。静かになさい」といった小言をくりかえし子どもに言う。しかし、叱られた子どもがその迷惑行為をほんとうにやめることはほとんどない。そして、母親は依然としてただ言葉だけで叱りつづける、という光景をよく見かける。

このような叱り方が日常化しているからこそ、口が酸っぱくなるほど言っているのに、言うことをきかないなどという表現が存在するのである。つまり、叱るという言葉による他者規制の行為と、意図する結果とのあいだには、非常なずれができている。口が酸っぱくなるような叱り方というものは、叱るという行為の本来の意味を失ったたんなる希望の表明に堕しているわけである。（『ことばの人間学』新潮文庫、強調鈴木）

この国では「実効を直接期待しない」言葉がいたるところでカラ回りしており、みな「口が酸っぱくなるほど」言われても、なんの被害者意識もない。紋切型の言葉が機械的に放出されつづけ、それがいかなる効果をもつか、だれも真剣に考えないのだ。

なかでも私にとって苦痛なのは、くりかえしのテープ音である。それがいかに私の神経をさかなでするか、なぜむしずが走るほど嫌なのかについては、おいおいシツコク語ってゆくことにして、ここではまず言葉のカラ回り現象を思いつくままに羅列してみよう。

恵比寿ガーデンプレイス、横浜ランドマークタワー、羽田空港ビルなど最近設置された「動く歩道」には「まもなく終点です。足もとにご注意ください」というテープ音が利用中エンエンと入る。恵比寿ガーデンプレイスはとくにひどく、片道五〇回はとどろく。「まもなく終点です。足もとにご注意ください。まもなく終点です。足もとにご注

意ください。まもなく終点です。足もとにご注意くだざい。まもなく終点です。足もとにご注意ください。まもなく終点です。足もとにご注意ください。……」これでまだ五回、片道だけでこの一〇倍、往復二〇倍である。

ＪＲ線の飯田橋駅、神田駅、渋谷駅、代々木駅、新橋駅などでは電車が停まっているあいだじゅう「足もとにご注意ください」というくりかえし音が入る。渋谷駅の場合、電車が比較的長く停まっているので、一度に約一五回のくりかえしである。東海道山陽新幹線の東京駅、熱海駅、名古屋駅などでは「列車とホームとのあいだが空いておりますので、足もとにお気をつけください。お子さまはとくにご注意くださ い」というテープ轟音《ごうおん》が、列車がホームに着いているあいだずっと、始発の東京駅などでは一度に一〇〇回以上回りつづける。このすべてをここに書くには、数ページ必要であろう。

さらにひどいのは、近鉄京都駅、田園都市線中央林間駅、小田急線各駅などに響く「切符をお取りください」ないし「切符は回収されます」というくりかえし音である。乗客が通過するたびに鳴らされるのであるから、ワッと電車の中から乗客が吐き出されたときは「切符をお取りください！　切符をお取りください！　切符をお取りください！　切符をお取りください！　切符をお取りください！　切符をお取りください！……」ないし「切符は回収されます！　切符は回収されます！　切符は回収されます！　切符は

回収されます！　切符は回収されます！……」と、壊れたＬＰレコードのような音の錯乱地帯が出現する。

なぜ「車内で人を殺すことはご遠慮ください」と言わないのか？

それにしても、長年の夢であった永平寺を一昨年《おととし》訪れたときは、泣き出したくなるほどであった。お寺自体にではなく、途中の京福電鉄の配慮のなさにである。終点の永平寺駅に到着するまでの一五のすべての駅で、扉が閉まるさいに「危険物のもち込みはご遠慮ください！」という甲高いテープ音が入るのだ。外は水墨画そのものの美しい雪景色であった。その鄙《ひな》びた風景の広がりと、往復三〇回も「危険物のもち込みはご遠慮ください」と叫ばれなければならないコントラストに「ああ、これが〈日本〉なのだ」としみじみ虚《むな》しくなった次第である。

老婆心から説明を加えると、だいたいこの放送によっては「危険物」とは何かいっこうにわからない。ライターやナイフや睡眠薬などの「境界的危険物」をもっている者が、この放送を耳にしハッとして車掌に相談することがありそうにも思えない。明白な危険物（たとえば火薬）を車内にもち込もうとしたところ、この放送を聞いてやめることもゼロに近いであろう。まして意図的であるなら、この放送が流れていても危険物をもち込むことはまちがいない。ダイナマイトやサリンをもち込もうとするほどの人が、この放送によって「ああそうか」と思いとどまることはまずないのである。

こうして、さまざまの場合を考えてみるに、この放送が実効の薄い、したがって無意味な放送であることはたしかである。しかし、ここで鈴木が指摘するように日本社会をスッポリおおっている美意識・規範意識と対峙《たいじ》しなければならない。

以上の理由をもち出して、私が放送の無意味な理由を述べたてても、けっして鉄道会社を納得させることはできない。なぜなら、鉄道会社は、言葉が即時に実効をもつことを期待して、この放送を流しているのではないからである。それは、「いつかどこかでなんらかの役にたつであろう」という願望の表現にほかならず、それこそ「美徳」であるという確信に支えられている。そして、こうした言葉のはたらきを知っていればこそ、おおかたの乗客はいらだたずに聞き流しているのだ。

マジョリティ（以下、本書では私が問題とするような機械音、スピーカー音、テープ音を「音」と表記し、その「音」に寛容ないし鈍感な大多数の同胞の意味で用いる）はこうした放送をぜんぜん聞いていないのではない。無関心なのではない。「車内への危険物のもち込みはご遠慮ください」という代わりに「車内で人を殺すことはご遠慮ください」という放送が各駅ごとに入ろうものなら、その「非常識な放送」に対してゴウゴウたる抗議がわきあがるに決まっている。

私は「車内への危険物のもち込みはご遠慮ください」という放送を流すことは、「車内で人を殺すことはご遠慮ください」という放送を流すのに劣らず馬鹿げていると思うが、これがマジョリティには伝わらないのである。では、なぜマジョリティは前者を受け入れ後者を排除するのであろうか。この問いは、たんなる程度の違いでは片づかなく、日本人の感受性の根に触れるような気がする。

私の友人である杉田聡さんが、車に年間一万人前後の人が殺されている現状を直視し、大手車会社に対して「環境を汚染し、他人の健康に害を与えないように、自動車の使いすぎは控えましょう」という警告文を今後生産されるあらゆる車体に書き込むよう提案した。おわかりのように「健康のためにタバコの吸いすぎには注意しましょう」という警告文が実現していることを見込んでのことである。

だが、各社申しあわせたようにナシのつぶてであった。なぜか。私なりの考えを示してみよう。「安全のためにシートベルトを着用しましょう」という声明なら、りっぱにまかり通っている。とすると、さきの「車内への危険物のもち込みはご遠慮ください」と「車内で人を殺すことはご遠慮ください」との違いは、「安全のためにシートベルトを着用しましょう」と杉田案「環境を汚染し……」との違いと言いかえてもよい。

前者を採用し、後者を排斥するロジックは何であろうか。思うに、大きな違いは前者がドライバーに「自分に危害を加えないように配慮せよ」と語っているのに対して、後者は「他人に危害を加えることを考慮せよ」と語っている点。つまり、この国では、あらゆる呼びかけは「あなたのことを思っている」という衣装をまとっているかぎり、耳を通過するのだ。タバコは「あなたの健康を害します」はパスするが「周りの人々の健康を害します」はパスしないのである。

そこで「車内への危険物のもち込みはご遠慮ください」であるが、これは一見「他人への危害」を直接訴えているようであるが、よく見てみるとそうではなく、「第一に、危険物のいちばん近くにいるあなたが被害に遭いますよ」と言っている。少なくとも、そう解釈される余地を残しているのである。

いかなる注意放送もいかなる広告文も、加害性を露骨に示してはならないのである。シートベルトをするように、ヘルメットをかぶるように、信号を守るように、無理な追い越しをしないように、酒飲み運転をしないように……など交通安全運動におけるおびただしい標語は、つねにまず運転手自身の安全を「思いやって」いるかたちをとっている。

デパートや新幹線の中、海水浴場や霊園においてさえ「盗難にご注意ください」という放送は入るが、けっして「人の物を盗まないでください」という放送は入らないことに気づいてもらいたい（たしかに「迷惑駐車はやめましょう」や「携帯電話はほかのお客さまの迷惑になりますので、デッキでお願いします」という放送も入る。これらの場合は、一、加害性が小さいとみなされていること、二、加害者が加害性に気づいていないこと、の二点によって許容されるのではないだろうか）。

帝京技術科学大学行バスとの戦い

だが、いくら「放送を流す理由」がわかっても、それが不快であることに変わりはない。不快を解消するには——その理由を考察するのではなく——あくまでも実践しなければならない。

ここで、実例に則して「中島式戦闘法」をご紹介することにしよう。まずは、前に勤務していた大学（当時・帝京技術科学大学、現在・帝京平成大学）とJR内房線八幡宿駅のあいだを走る帝京技術科学大学行急行バス（小湊《こみなと》バス）との戦いである。そのバスには、かつて次の車内放送が入っていた。

お待たせいたしました。毎度小湊バスをご利用くださいまして、ありがとうございます。このバスは帝京技術科学大学行の急行バスでございます。途中停車停留所は、山木入口、辰巳《たつみ》団地シノヤ前、東一丁目のみとなっております。そのほかの停留所には停車しませんので、お乗りまちがえないようご注意ねがいます。お降りの方はブザーボタンでお知らせください。走行中事故防止のために急停車をすることがございますので、お手近の手すりつり革などにおつかまりください。とくに小さなお子さま、お年寄りには座席の譲りあいをしていただきますよう、ご協力をおねがい申しあげます。ご乗車の皆さまにご案内いたします。小湊バスではバス車内で回数券を販売しております。二二五〇円分ついて二〇〇〇円でございます。便利でお得な回数券をどうぞご利用ください。なお、お買い求めは事故防止のため停車中におねがいいたします。帝京技術科学大学線の運行ダイヤについて、ご案内いたします。八幡宿・帝京技術科学大学間に運行しております急行便は、大学のスケジュールに合わせて、平日・土曜・休日の特別ダイヤにて運行しております。かならずしもカレンダーの曜日通りには運行されておりませんので、ご注意ねがいます。……次は山木入口、山木入口、ディスカウントショップ○○質店前でございます。お降りの方はお知らせねがいます。……次は辰巳団地シノヤ前、○○歯科医院前、○○レディースクリニック前でございます。お降りの方は近くのブザーボタンでお知らせねがいます。……次は東一丁目でございます。お降りの方はお知らせねがいます。ご乗車くださいましてありがとうございます。このバスは帝京技術科学大学行の急行バスでございます。終点の帝京技術科学大学まで停車しませんので、お乗りまちがいのないよう、ご注意ねがいます。……長らくお待たせしました。まもなく終点帝京技術科学大学でございます。どなたさまも車内にお忘れ物落とし物ございませんよう、ご注意ねがいます。ご乗車ありがとうございました。帝京技術科学大学でございます。

大学までは三つしか停留所がないのである。そして、少なく見積もって乗客の九割五分が帝京技術科学大学の学生・教員・事務員である（ほとんどのときは一〇割）。それなのに、乗客は毎日毎日、これだけの放送を聞かされても「なんともない」のだ。これは不思議というよりほかはない。ここに放送されていることのほぼすべてが、必要のないたんなる騒音にすぎないことは、三日も大学に通えばわかることだからである。

三年近く我慢したあげく、もはや一刻も耐えきれず——この場合は、自分の勤める大学行バスということもあって、——はじめて私は直接行動に移すことにした。一九九一年一月一二日、私は今紹介したような車内放送をすべてテープに取って、傍線部分（つまり停留所の告知以外すべて）を削減してくれるように、その詳細な理由を付して小湊バス塩田営業所長に長い手紙を書いた。いよいよ、これからエンエンとつづく「音漬け社会」との戦闘が開始する。

まもなく、所長のKさんから丁重な、しかし「削除はできない」という返事をもらった。「起こっては困ることを未然に防止する意図で」とか「大学関係者以外の方も利用するので」とかに混じって、次のような論点もある。

お年寄りや幼い子どもに対する思いやりを車内放送ですることとは、けっして無意味なことではなく、それなりに効果をもっていると思います。将来、貴大学学生が社会に巣立ち活躍されるにさいし、人への思いやりの心を実践せざるをえない局面にかならず役立つと思います。そのとき、この放送が無駄ではないことがわかるのです。

まさに鈴木孝夫の言う「直接実効を期待しない願望」で埋まったその内容に怒り心頭に発し、私はKさんに「納得できない」というさらに長い手紙を書いた。すると、二度目の返事（二月四日）でなぜか態度急変、「車内放送については三月一六日に改めますので、またご感想いただければ幸いです」という返事を手にした。ひとまずの成功である。だが……。

あなたはバスの中で毎日「美しき青きドナウ」を聞きたいか?

はたして車内放送は大幅に（約三分の一に）減少した。だが、今度は——なぜか——終点で次の放送が入ることになった。

運賃は上の運賃表をよく見て、おまちがいのないように運賃箱にお入れください。整理券は折り曲げたりしないようにおねがいいたします。定期券ははっきりお見せください。

そして、何より驚愕《きょうがく》したことには、終点近くで「美しき青きドナウ」のメロディーがエンエン車内にとどろくようになったのである。せっかく「またご感想いただければ幸いです」と書いてくれたのだからと、Kさんに『美しき青きドナウ』はやめてくれませんか」と手紙を出したが、返事がない。しばらく耳栓を固くして乗っていたが、ついに耐えられなくなり、翌一九九二年一月一七日に私は直接塩田営業所におもむき、Kさんと膝《ひざ》を交えて二時間議論した。

――はじめは、走行中ずっと車内に「美しき青きドナウ」を流そうかと考えたのですが……。
――えっ、なぜですか？
――渋滞が多く退屈するお客もいますから。

頭をガーンと一発殴られたような思いであった。あまりの馬鹿馬鹿しさに一瞬戦意を失ったが、ここでひるんではならない、と私は大声で叫んだ。

――どんな名曲でも、いや名曲であればこそ、強制されて聞きたくはないのです。それも、バス車内で毎日聞かされるのは拷問です。
――考えておきましょう。

涙が出そうになる。今となっては、ここでオイオイ泣けばよかった、とすら思う。しかし、その会見後も「美しき青きドナウ」は流れつづけた。パチンコ屋や飲み屋のひしめく八幡宿の狭い商店街を「美しき青きドナウ」の流れるバスに揺られて通りすぎるのは悲惨である。昨年同様三月に変わるかもしれないと期待したが、新学期を迎えても依然として「美しき青きドナウ」である。

そこで、私は再度Kさんに「『美しき青きドナウ』だけでもやめていただけないでしょうか。その後、バス内で『美しき青きドナウ』を聞かなければ不愉快でたまらないという意見が続々とそちらに届くようでしたら、私はあきらめますが……」という嘆願に近い手紙を出した。

そして、はたせるかな、その直後（一九九二年五月）に帝京技術科学大学行のバス内から「美しき青きドナウ」は消えたのである。

「音漬け社会」に立ち向かうドン・キホーテの誕生

たいへんな闘争であった。だが、虚しさははかりしれない。なぜなら、利用者のだれもバスの車内放送が削減されたことにも、「美しき青きドナウ」が流れはじめたことにも、それがなくなったことにも無関心だからである。私は多くの教員や学生に聞いてみたが、まったく気づかないか、せいぜい「そう言えばなくなったね」という程度の反応なのだ。

私はますます不思議になった。大学には音響学の大家たちがたくさんいる。社会学や教育学や心理学の専門家もいる。彼らはみなこのバスを利用している。なのに、だれも「気がつかない」のだ。これほどの大闘争をしたのに、だれにも喜んでもらえないのだ。暗澹《あんたん》たる気持ちが広がってゆく。

そんなころ、私は高梨明さん主宰の「拡声器騒音を考える会」という市民グループの存在を知り、彼らとコンタクトをもつようになった。そこで、はじめて私は自分とほぼ同じ苦痛にあえぐ人々を知ったのである。「音漬け社会」日本を見限り外国に移住しようと計画している人もいた。日本じゅうどこへも恐ろしくて行けない人もいた。新宿や渋谷の繁華街でクラクラめまいを起こした人もいた。周囲の人々から気違いあつかいされている人もいた。近所の住民から犬のように「保健所へ行け！」とどなられた人もいた。

そして、私はこのときから（マジョリティには錯覚に見えるかもしれないが私にとっては断固実在する）「風車」にまっしぐらに突撃するドン・キホーテとなったのである。少々大げさに言うなら、「音漬け社会」とのドン・キホーテ的闘争が、それからの私の人生を彩ることになったのである。帝京技術科学大学行急行バスとのさきの戦闘により、相手を傷つけ自分も傷つく、心身ともにくたびれはてる、果てしなく虚しい戦いの火蓋《ひぶた》は切って落とされた。もうあとには退《ひ》けない！

歳をとってくると、そうは言いながらくたびれてくる。相手になんの罪の意識もなく、（ごく少数の仲間以外）だれにも——反感こそ受けても——感謝はされないのだから、ますます膨大なエネルギーの消費がアホらしくなってくる。だが、私の「苦しみ」が変わらないかぎり、やめることはできないのだ。どうあがいても勝ち目はないのだから、急ぐこともない。ゆっくりと執念深く自分が納得するように戦いつづけてゆくよりほかはないのである。

だが、——おもしろいもので——「音漬け社会」に一方的に宣戦布告したのちに、自分が置かれているこうした理不尽な立場に私は興味をもつようになった。そして、「音」を発する側の加害意識のなさ以上に、同胞の被害意識のなさ、つまりこの問題に対する無関心さに興味を覚えるようになった。相当なインテリでも、きわめて神経細やかな人でも、何ごとにつけ注文のうるさい人でも、こうした「音」にはまったくといってよいほど無関心なのだ。耐えられ、不愉快ではないのだ。はじめ、信じられないと思ったが、次第に厳粛な事実をつきつけられ、私はこの問題を徹底的に考えはじめた。ある仮説をつくり、それを戦いの現場で検証し、あらたなデータを仕入れて、その仮説を一部変更し、さらに次の戦いで応用し……という活動がここ当分続いている。

そうしながら、さまざまなことがジワジワとわかりかけてきたのも事実である。ここに日本文化の一つの大きな「根」が潜むことも見えてきた。頭が痛くなるほど考えた私の諸仮説は、おいおい紹介してゆくことにして、次の戦闘場面に移ることにしよう。

江ノ島海岸真夏の戦い

四年前の夏の江ノ島海岸一帯には、朝から晩まで次のような放送が響きわたっていた。

一、ブイの内側で泳ぎましょう。
二、準備体操をしてから泳ぎましょう。
三、睡眠不足や酒気を帯びて泳ぐのはやめましょう。

四、荷物は盗難に備えて、海の家にあずけましょう。
五、ゴミは片づけましょう。
六、潮が満ちてきましたので、荷物を波に流されないように気をつけましょう。
七、砂が熱くなってきましたので、小さな子どもがやけどをしないように、保護者の方は注意しましょう。
八、置き引きに注意しましょう。
九、お弁当をもってきた人は、食中毒に注意しましょう。
一〇、「クリーン・アンド・ビューティ・アクション」

最後のものは、九までの放送をすべて合わせたよりやかましいものである。すなわち、少女歌手が甘ったれた声で「みなさーん！　しばらく海から出て休み、周りのゴミを片づけましょう！　そのあいだに私の曲を聞いてね！」と訴え、その新人歌手の曲がとどろく。そして、そのあとで「見ちがえるようにきれいになりましたね！　ご協力ありがとうございました！」と締めくくるのである。

そのあいだ、もちろんだれもわざわざ海から出てゴミなど拾いはしない。いや、私の目の届かないところでだれかが音楽のあいだゴミをひたすら片づけているのかもしれない。だが、それにしてもこの「クリーン・アンド・ビューティ・アクション」（こんな英語を使うのもじつに軽薄で醜悪で滑稽《こっけい》である）は、海岸の音環境を大破壊することによって達成されていることだけはたしかである。

さて、こうした事態に対しての私の「行動」を記しておこう。まずあらかじめ断っておくと、私はいつも冷静に理性的に行動しているわけではない。「静かさ」を求めて天地に恥じない潔癖な行動をしているわけではない。私は、銀行には抗議するがパチンコ屋には抗議しない。JR東日本にはぶつかってゆくが、暴走族には体当たりしない。

それはわが身に——そして家族に——危険がおよぶことを恐れるからであり、再起不能なほど不愉快な思いをすることを避けたいからである。いつも相手を見て「計算して」行動しているのである。この点がマザー・テレサやガンジーとは違う、私の勇気のなさであり、いいかげんさであり、小ささである。これは、全身で認めねばなるまい。

私なりの「計算」によると、以上の江ノ島海岸の放送は抗議する値打ちのあるものであり、しかもあまり身に危険のないものである。そこで、私は管理事務所におもむき、マイクをしっかりとにぎっているおばさんに、しかじかの理由によりあなたの流している放送はいっさい必要ないばかりでなく有害なのだ、と抗議した。

彼女は私を江ノ島海岸海水浴場営業組合長のHさんに引きあわせてくれた。彼は私の話を静かに聞いていたが、ほとんど相手にしない。放送は続行すると言う。

さて、ここで問題を確認しておく。まず、海水浴客の九九パーセントはさきの放送がまったく気にならないということである。そして、その放送をわずらわしく思う絶対少数派の人も、直接訴えることはまずしないのだ。さらに、たとえ直接訴えるごく少数の人がいたとしても、この段階で引き下がってしまうであろう。だが、私にとって行動は「ここから」始まるのである。

私見によれば、ここで引き下がるかぎり、抗議運動はほとんど効果がない。相手は「ヘンなやつ」が来たくらいにしか思っていない。軽く言うだけでは軽くいなされてしまう。喧嘩《けんか》ごしでは喧嘩ごしの反応が返ってくるだけだ。とはいえ、あまり深刻に抗議したら、この国では「気違いじゃないか」と疑われさえするであろう。私はすべての方法を実行してみたから、こう言えるのである。江ノ島は両親の家に近く、夏のあいだよく訪れる。こうした地の利をいかして、私はそれから数度同じ抗議を違った方法でくりかえした。

執念深く戦いを続行する

さきのHさんとの会見で見るべき効果がなかったので、私は翌日また管理事務所を訪れ（そのときHさんはいなかった）、おばさんに直接「これから放送を流すたびに、文句を言いますからね」と宣言した。そして、はじめに掲げた一〇通りの放送のたびに、その放送の趣旨・頻度・依頼主などを聞き出した。おばさんは「ご苦労さま」と言って、鼻先であしらう態度である（以上が、軽く言って軽くいなされたケース）。

次の機会には、私は怒りを（といってもかなり演技がかっているが）正面から出してみた。管理事務所には、常時おばさんのほかに海水浴場の「おえら方」である二、三人の初老の男たちがたむろしている。その日もHさんはいなかった。私はおばさんとその男たちに向かって、強い語調で「あのクリーン・アンド・ビューティ・アクションとやらは、うるさいだけでなんの効果もありませんよ。私の見たかぎり、あの放送によって、だれひとりとしてゴミなど拾っていませんでしたよ。あなた方、よく海岸見て放送流しているのですか！」と言ってみた。

するとと、まったく私の言うことを理解しようとはせずに、そこにいた一人の男が「おまえ、ゴミ拾ったのかよ！」とその表現の割りにはドスも利かせずに叫んだ。こんな相手に私だけ「ですます調」で話すことはない。私は急遽《きゅうきょ》語調を変えて、「ゴミなんか俺の周りにゃなかったよ！」と答えた。男はそれに答えず「ああ眠いなあー。うち帰って寝るか」と言って、わざとらしく大あくびをした。私は「おまえが寝ているあいだじゅう電話かけてやるから、電話番号知らせろ！」と叫んだ。男はヘラヘラ笑って横を向いたままである。

そのうち、窓口に仲間とはぐれた若い男が呼び出しをしてくれ、と言いにきた。おばさんは、真剣な面持ちで呼び出しの原稿を書いている。「馬鹿な！　生命に危険のあるとき以外は呼び出しなんかするな！」と私は彼女に命じた。彼女は意に介さずマイクをにぎって「お呼び出しを申しあげます……」とガナりたてた。

私はそれを実力でやめさせることまではせずに「おまえら、あんな馬鹿みたいな訴えはヘイヘイと聞いて、俺の抗議には笑ってとりあわないのだな！」とどなった。すると

「おまえ、どこの馬の骨か知らねえが、いばるんじゃねえぜ！」とさっきの男。私は答えた。「おまえと同じだよ！　さっさと寝に帰れ！　一〇年経ったら、こんな放送がどんなにくだらないかわかるだろうよ。でもおまえ、そのころもう死んでるだろなー」。そこでみんながドッと笑った。

私が「もうつきあいきれないから、新聞や雑誌に書いてやる！」と捨てゼリフを吐くと、おばさんは私を優しく見て「書いたら見せてね」と言って、すぐにマイクに向かい「砂が熱くなってきましたので、小さな子どもがやけどをしないように、保護者の方は注意しましょう」と放送を始めた。つまり、私の喧嘩ごしの抗議はまったく効果がなかったのである（以上、喧嘩ごしの抗議は駄目だというケース）。

さらに戦闘を拡大する

さて、中断していたさきの議論を続ける。ほとんどの人はこの段階で引き下がるであろう、と私は書いた。岩のような絶望的な困難がたちはだかっており、それに立ち向かってもわが身を傷つけるだけだからである。

喧嘩をやや演技調で遂行した私もけっして愉快だったわけではない。どこからか体格のいいお兄さんが出現して、ポカッとやられなかっただけでも感謝せねばならないのかもしれない。だが、私は意図的にこうした不愉快な場面に自分を追い込み、次の行動へのバネにしているのである。ここまで自分を痛めつけたからには、ここで終わってなるものか、と全身刀傷にまみれた自分に言い聞かせて、ひとまず砦《とりで》に帰り、次の戦闘に備えるのである。

気力が回復すると（それは、あの程度の戦闘の場合約一週間かかる）、私は九月八日にまず憎むべき「クリーン・アンド・ビューティ・アクション」の依頼主である藤沢《ふじさわ》市役所観光課に電話した。

電話口のNさんはさしあたり私の抗議に耳をかそうとしない。「電話でもなんですから、できれば今そちらにうかがいたいのですが」と言うと「きょうは会議です」とけんもほろろの姿勢である。そこで、私は脅迫を交えた戦略に切りかえる。

――私はこれから藤沢保健所（食中毒注意の依頼主）と藤沢警察署（置き引き注意の依頼主）にも行って意見を聞くつもりです。藤沢市役所観光課の意見はよくわかりました。今あなたの言われたことを、そのとおり新聞や総合雑誌に書きますけどいいですね。責任あるあなたが、そう言われたのですから。

すると、「しばらくしてまた電話してほしい」とのことである。そこで、三〇分後に電話したところ、Nさんはやや柔和な態度に変わり「いずれ保健所や警察の方といっしょに中島さんの意見を聞く場を設けましょう」という回答を出した。「それはたいへんけっこうですが、私としましても今藤沢まで来ているので、これから保健所か警察署に行こうと思います」と言ったところ、「では、その結果を教えてください」と、とりたてて反対しない。

さっそく、藤沢保健所に電話。こちらはすぐ来てよいとの返事をもらった。私はただちに県庁合同庁舎におもむき、そこのKさんならびにOさんと約一時間にわたって議論した。私が口を酸っぱくして何を語ったかは、もうおおかたの読者諸賢には想像がつくと思うので割愛する。とにかく「食中毒の放送」のような過保護放送は人を馬鹿にするのもいいところだ、という趣旨をくりかえした。

神妙に、しかし全身に反発を示して座っていた二人は「食中毒に一人でもかからないようにするのがわれわれの務めです」という「偏見」から一歩も出ようとはしない。そこで「あなた方、そんなに食中毒をなくすことを徹底したいのだったら、なぜ藤沢駅前で『食中毒に注意しましょう！』という放送を一日中流さないのですか。宣伝カーで住宅街の隅々まで大音響で放送すればいいじゃありませんか」とあえて「戦略的背理法」を使ってみたが、一笑に付せばよいものを、伏目がちにオズオズと「暑い日の海岸ではとくにご飯が腐りやすいですし……」といったしごくまとも（そう）な答えが返ってくるだけである。

残念ながら、一時間の議論はほとんどなんの成果も得られなかった。私はそこでまた傷ついたわが身をいたわる時間が必要となる。つまり、その足でさらに藤沢警察署に行く気力を失い、足を引きずりながら、ひとまずわが城に帰ったのである。

気分転換を兼ねて、翌日私は鎌倉市役所におもむき、由比ヶ浜をはじめ鎌倉市内の海水浴場でシーズン中どんな放送が入るか聞いてみた。すると「やけどの注意」以外はみなあることが判明した。そこで、そこの若い係官（そしてあとから出てきた上司）を相手に私が熱戦を交えたことは、ここでは省略する。

詳細な手紙を書く

ここで話はまた、藤沢市役所、警察署、保健所という八岐大蛇《やまたのおろち》ならぬ三頭の敵にもどる。藤沢保健所からなんらかの連絡があったのだろう、保健所で議論した翌日（すなわち、鎌倉市役所に行った当日）に藤沢市役所観光課にふたたび電話すると、Nさんの態度はガラリと変わり「藤沢市では、毎年海岸対策協議会でシーズン中の海岸の事故防止ほかさまざまな問題について協議しますが、そのさい中島さんのご意見も出しまして、放送についても再検討しますので……」ということであった。

そこで、私もその上をゆく丁重な口調で「お忙しいことと存じますので、お手紙さしあげます。よろしくお願いいたします」と言って、電話を切った。一週間後の九月一五日、私はNさん宛《あて》に長い手紙を出した。その手紙で、私はこれまでの「経過報告」をしたうえで、あらためて一〇種類の放送を掲げ、それに続いて次のように書いた。

……さて、以上を確認して私が申しあげたいことは、たんに江ノ島海岸の放送は私にとってうるさい」ということではありません。それなら、私がこれらの放送のまったくない（遊泳禁止の）七里ヶ浜に行って甲羅ぼしをすれば済むことです。私はあえてこうした「放送による一律な注意・指示・禁止」というやり方はきわめて暴力的で野蛮ではないか、という問題を提起したいのです（もちろん、私はこれまで環境庁、都庁、区役所、ＪＲ、大手私鉄、大手バス会社、大手銀行、大手デパート、大手スーパー、寺院、博物館・美術館、小・中・高等学校、さまざまな個人商店などに電話したり手紙を出したり、直接話しあってきました）。

これは、暴走族や右翼の宣伝カーがうるさいという問題とは微妙に異なります。これらがうるさいこと、非常な迷惑をまき散らしていることは言うまでもありませんが、こうした騒音はほぼすべての人がその害を認識している点で――解決は難しくはありますが――はっきり議論できる問題です。しかし、以上の海岸の放送に関しましては、まだ多くの人が問題意識さえもたないというところに、市民運動としてもきわめて難しいところがあります。保健所のＫさんもＯさんもたぶん「何が問題なのか」という疑問をおもちだったことと思います。「みんなのためを思ってやっていることがなぜ悪いのか」という疑問をお感じになったことと思います。したがって、以上の注意放送をやめよという訴えは、考え方の基本的な転換を必要としますので、暴走族を取り締まるよりはるかに難しい、というわけです。

説明すれば切りがありませんが、ひとことで言うならば、こうした放送は親切そうに見えて、そのじつ個人が個人の責任において行動するという成人として当然の振る舞いを阻害するということです。真夏におにぎりをもってきたら、どんな具合に腐るかは一五歳にもなればわかります。泳ぐときにどのような注意をするべきかは一〇歳になればわかります。砂が熱くなったら注意すべきことは七歳になればわかります。ほかのさまざまな指示や注意も同様です。

「いや、わからない人もいる」と反論されるかもしれません。しかし、後に詳論しますが、今までわが国ではこうした「わからない人」（それは明らかに絶対的少数派です）にのみ照準を定めて、「わかっている人」はわかっているにもかかわらず、そのわかりきったことをくりかえし聞かねばならない、この暴力に耐えねばならない、と考えられてきました。私がおかしいと思うのはこうした不合理な構造です。

これらの放送は必要ないばかりではありません。積極的に有害だと私は申しあげたいのです。なぜか。それは、あくまでも自分の判断にもとづき自分の責任でことをなすという人々の自律精神を阻害するから、言いかえれば人々の甘えの構造を助長するからです。

もちろん、私のように、こうした放送にはげしく抗議する者がほとんどいないことも承知しております。しかし、――これは多数決の問題ではありませんが――逆に以上の放送がなくとも、江ノ島海岸に来ている人々の九九パーセントが抗議しないことも確信できます。ウソだと思うのなら、一日すべての放送をやめてみてください。苦情が殺到するわけではありますまい。

問題はたぶん一パーセントにも満たない傲慢《ごうまん》で怠惰で不注意でしかも責任をみずから引き受けようとしない人々が「放送がなかったから、荷物を波にさらわれた！」とか「放送を流してくれなかったから、子どもがやけどした！」と言って管理事務所にどなりこむのです。こうした苦情がいかに見当はずれのものかは、よくよく考えてみればおわかりでしょう。

なのに、わが国ではまったく倒錯したことに、私の訴えにはみんな笑って相手にしなくとも、こういう馬鹿げた訴えには真剣に対処するのです。いいですか。こうした愚かな人が一パーセントいたとして、たとえば夏のシーズン中（江ノ島海岸の）東浜で全海水浴客が一日五万人としますと、たった五〇〇人です。ですが、疑いなく一日五〇〇人の（たぶん五〇人でも）愚かな甘えた人々が「放送をしろ！」と、どなりこんできたら、海水浴場営業組合は大慌てで放送を流すのではありませんか？

私は、これこそ大まちがいだと言いたいのです。彼ら五〇〇人は、自分の不注意、怠惰、甘えをタナにあげて「一律な放送」を、それを必要としない数万の人に向かってするように要求するきわめて悪質で思慮の足りない人々です。藤沢海岸対策協議会がこうした人々の要求に合わせる必要はまったくないのです。子どもに対するような煩瑣《はんさ》な注意を「一律な放送」によってするというのは、本来人格に対するはなはだしい侵害だということをご承知おきください……。

戦闘後はげしく自己反省をする

さて、この手紙に対してなんの返事もなかったのであるが、ここで私の一連の行動に対して自己反省を加えることにしよう。ここまで読まれた読者の中には、私の行動にあまり賛成できない、という人も少なくないものと思われる。想定できる批判を並べてみよう。

一、相手に対してあまりにも高圧的な態度であり、相手をトコトン追いつめるやり方があえて反発を買い、これではだれも言うことを聞くわけがない。市民運動は、もっとじっくりとマジョリティの同意を求めて動いてゆくべきだ。

二、一挙にあれも駄目これも駄目というのは戦略的に賢いやり方ではない。むしろ、現実的な成果を求めて、たとえば「クリーン・アンド・ビューティ・アクション」だけに照準を定めて、「海岸を綺麗《きれい》にするもっと別のやり方はないでしょうか」と穏やかに提案するのがよい。

三、著者（つまり私）は、本当のところは海岸を静かにするなどということは二義的な目的なのだ。じつは、第一の目的は自分の感受性を他人に押しつけたいだけなのであり、議論で相手を屈伏させたいだけなのだ。こうした自己顕示欲が行動の行間から噴出していて、非常に不愉快である。

四、著者の言葉尻《ことばじり》からは「自分はこんなにしている、こんなにしている」という自己称賛の臭いがプンプンしている。それは、同時にこうした騒音をうるさいと感じながら何もしない人々を軽蔑《けいべつ》する臭いなのだ。とくに著者は自分が大学の教師であることや新聞・総合雑誌に書けることを武器として使っている。これは、じつに鼻持ちならない態度であり、相手から反発されるのも当然である。著者からこうした臭みが抜けないかぎり、著者がいかに華々しく行動しても、多くの人の共感を呼ばないであろう。

五、著者は、奮闘しながらそれを「楽しんでいる」ようなところがある。そのためであろう、なぜか文章から誠意が感じられないのだ。わざと自分の行動をおもしろおかしく脚色して、自分を意図的にドン・キホーテに仕立てあげている。そこに引きずりこまれる相手こそいい迷惑である。その戦闘記を読まされる読者こそいい迷惑である。

六、何より嫌なのは、自分が他人《ひと》よりものごとを知っている、という姿勢で他人を教え諭す態度である。こうした知的優越感が文章のいたるところに現れていて、自分はドン・キホーテである分だけソクラテスでもあるのだから、特権的にこうした「計算された無謀さ」が許されるのだ、という傲慢がほの見えて、なんとも厭《いや》味《み》である。

七、著者は「もの書き」一般に見られる卑劣さを存分にもっている。すなわち、行動、行動と言いながら、そのじつ著者にとっては「書くこと」が目的なのだ。もし、著者が「書くこと」を禁じられたらはたして行動するであろうか。疑問である。著者は「書く」という見返りのない場合、指一本動かさないのではないか。

こうした批判は、じつは私が勝手に考え出したものではない。私は、商店の親父からも竿竹屋《さおだけ》からも哲学仲間からも「騒音反対をとなえているあなたが、他人の家に土足で上がりこんで、どんなに騒音をまき散らしているか、考えたことがあるのですか」という批判を、いくたびも受けてきた。

しかし、私はやめない。なぜなら、こうした他人に対する「優しさ」や「思いやり」こそ、私が立ち向かう騒音の元凶だと確信しているからである。

これに関しては後に(第4章で)細かく考察するが、ここでは次のことだけを言っておこう。むしろ、管理事務所のおばさんや男たち、藤沢保健所のO氏やK氏、藤沢市役所観光課のN氏はみずからを「優しい」人と信じているから問題なのである。他人にたえまなく親切な注意を与えつづける「優しい」人であると自認しているから、それを批判する私を冷たくあしらうのである。

こうした矛盾を感じて私が到達したさしあたりの行動基準は、相手が傷ついた分だけ自分も傷つこう、自分の実行していることは、弁解の余地なく傲慢なことなのであるから、相手から何を言われても仕方ないとしよう、その言葉の重みを大事にしよう、というものである。

「静かさ」を行動に訴えて表現しようとするかぎり、他人を傷つけることを恐れてはならず、それ以外の仕方はないのだ。そして、その行動に伴う自分の傲慢さや卑劣さ醜さを穴のあくほど見つめるほかはないのである。

この「江ノ島海岸戦」には後日談がある。私はかならずしも戦いに敗れたわけではない。翌年（一九九三年）の夏はひどい悪天候であったが、ようやく八月末に太陽がもどってきた。そんなある日、さあ、あのマイクにしがみついていたおばさんに抗議しよう、と東浜のコンクリート岸壁にたどりついたところ、その彼女が目の前にいる。私はおもむろに「拡声器騒音を考える会」の機関紙『ＡＭＥＮＩＴＹ』一一号を取り出して彼女に見せようとすると、「ああそれもう読みました」「どうして？」「Ｈさんから送ってもらって」。

前年に江ノ島海岸海水浴場営業組合長のＨさんに抗議したとき軽くいなされたので、その後私は『ＡＭＥＮＩＴＹ』一一号にほぼ以上書いたとおりの「戦闘記」を掲載して、「江ノ島海岸がいかに野蛮であるかを書きました。これからも書きつづけてゆきます」という手紙を添えてＨさんに送りつけたのだった。なんの返事もなかったので、それまでと思っていたが、それがしっかりと彼女まで届き、読まれていたのだ。小さな感動がわきあがる。

そこで、彼女に一〇項目の放送についてひとつひとつ問いただしたところ、じつに内容が半減していることがわかった。具体的には「荷物は盗難に備えて、海の家にあずけましょう／潮が満ちてきましたので、荷物を波に流されないように気をつけましょう／砂が熱くなってきましたので、小さな子どもがやけどをしないように、保護者の方は注意しましょう／置き引きに注意しましょう／お弁当をもってきた人は食中毒に注意しましょう」の五項目がなくなった、ということである。

「今年は人が少なかったですからね」という納得できない回答と並んで「おっしゃることも一理あるし、やはり今後はそういう方向に行くんでしょうね」と彼女。少々全身がむずがゆくなり、最後に聞いてみた。

——去年、私が駆け込んだときは気違いじゃないかと思いませんでした？

——いいえ、だけどコワーイ人だと思いました。

美術館の入場整理にメガフォンはいらない

次に戦場は、江ノ島海岸から一挙に世田谷美術館に飛ぶ。世田谷美術館での「ゴッホと日本展」の最終日（一九九二年五月二四日）のことである。美術館に近づくと、メガフォン片手の若者が三人、大声で「当日券をお求めの方はこちらに一列に並んでください！　券をおもちの方はそのままお入りください！」とひっきりなしに叫んでいる。彼らはそれぞれ大きなプラカードをもっており、そこにも「当日券をお求めの方はここにお並びください」とデカデカと書いてある。入口にもまた大きく「券をおもちの方はそのままお入りください」と掲示してある。

そこで、私は彼らの一人に近づき、こうしたメガフォンによる告知はいっさい必要ない、と主張した。アッと驚く顔とともに私の全身をまじまじと見すえて「あんた、だれですか」と言うので、こういうときのためにと刷っておいた「静穏権確立をめざす市民の会　代表　中島義道」（じつは会員は私一人だけ）という名刺をさし出し、「われわれは音を聞きたくない人々の権利を確立しようと運動しています。とくに、こうした拡声器やメガフォンによる放送をなるべくやめるように訴えているのです」と説明。そして、「今の場合、何もひっきりなしにメガフォンで叫ばなくても、肉声でときどき静かに説明すればそれで十分ですよ」と言ってみた。

そのあいだ、まさに穴のあくほど私を見つめていたその男は、顔を紅潮させいらだちを全身で示して、――それでもありがたいことに私を追い払ったりせずに――「そんなこと言ったって、これだけの人をどうやってさばくのですか！」と喧嘩《けんか》ごしに聞いてくる。「簡単にさばけますよ。わからない人が聞きにきた場合だけ、その人に説明すればよいのです。あとは何もしなくてもかまいません」

私は嘘を言ったのではない。自分の確信するところを言ったまでである。われわれが議論しているあいだも、ほかの二人はメガフォンを通して絶叫している。「傘は場内におもち込みなさらないようにお願いします！」。そこで、矛先を転じて「あの放送もいりません」と私。「じゃ、だれかの傘が絵を傷つけたらどうするのですか」「私が責任をとりましょう」。彼はポカンと私の顔を見ている。

もちろん、私が五四億円の「ひまわり」を弁償できるはずがない。だが、私はだれも意図せずにそんなことはしないという論理に導かれて、こう言ったのである。入口には大きな字で「傘のおもち込みはおやめください」という貼り紙があり、さらにその横で数人の係員が肉声で注意している。そして、――世田谷美術館は何度も訪れて知っているが――入ってからもさまざまな関門（展示場へ向かう廊下の入口、展示場の入口）があって、そこで傘の所持者は自然に注意される仕組みになっているのである。意図的でないとすれば（つまり、うまくこれらの関門をくぐりぬけたすえに、わざと「ひまわり」を傷つけるのでないかぎり）傘で傷つけるはずはない。逆に傷つけようとすれば、隠しもってきたナイフででも何ででも傷つけられる。ほぼ絶対にそんな事故は起こるはずはないから、「私が責任をとりましょう」と言ったのである。

だが、それに続く私の補足は彼をいらだたせるだけであった。「ヨーロッパの美術館には、雨の日しかも大層混むときもありますが、こんな注意放送はないですよ」「じゃ、あんたヨーロッパに行けばいいよ」と彼。

ここでヨーロッパを出すのはよくなかった。とにかく彼はもうつきあいきれないという顔で「ヘッ」という軽蔑ともあきれたともいう声を出してジーッと私を見るので、

「私がやってみましょうか」と提案したところ、「じゃ、やってもらいましょう。閉館までやってもらいましょう」ということである。

「おい、六時までやってくれるってよ！」と仲間にも連絡して、彼ら三人はプラカードはもったままメガフォンで叫ぶことは中止した。私はうれしかった。なぜなら、期せずして日ごろの自分の信念が実証できるチャンスが与えられたからである。私は自分で注意も払わずに要求ばかりする（日ごろ恨めしく思っている）怠慢な客と論争する期待にうち震えた。

「音」環境について何も考えていない区役所環境公害課

というわけで、もはやあとにも退《ひ》けず、ある程度身構えて始めたわけなのだが、皮肉なことにガッカリするほど簡単にできてしまったのである。迷っている人はプラカードをもっているわれわれに近づく。私がそれに答える。彼らは「おい、答えては駄目だぜ」というさきのリーダーの命令により忠実にだれも一言も答えない。

だが、そんな客は三〇人に一人もいない。ほとんどの客は何も言わなくても、当日券を求めるために列の後ろに並ぶ。券をもっている客はそのまま入っていく。私はときどき近づいてくる人に聞かれた場合だけ「券をおもちでない方はここにお並びください」と肉声で言うだけでよかった。

だが、一時間ほどすると、ゴッホ展の主催者テレビ朝日事業部の課長と称するUさんが「どういうことだ！」と美術館の中から飛び出してきたので、ふたたび彼に私の思想を説明。しかし、彼は驚いたように「そんなことを勝手にやられては困る」と反論。私は「でもあの人が、六時までやってもらいましょう、と言ったからやっているのです」「いや駄目です」とUさん。

私は引き下がった。私は言葉によって私に反論する人にはどこまでも食い下がるが、理由なくあるいは言論を放棄して私を切る人の前では、いつでも引き下がるのである。なぜなら、私にとって大事なのは合理的討議をするという共通の土俵で戦う人のみであって、そうでない人に議論を向けても虚《むな》しいことは知っているからである。

今振り返ってみて、テレビ朝日事業部課長のUさんより、テレビ朝日に依頼されて入場整理を引き受けたクリエイティブオフィス・ワンズハートのMさんのほうがはるかに合理的な議論によって問題を解決しようとする姿勢が見られたように私は思う。

とにかく納得できなかったので、私は翌日世田谷区環境公害課に電話した。世田谷美術館は世田谷区立であり、しかも――ここは強調しておきたいが――ゴッホ展のあいだ「地球にやさしくしてますか」というパンフレットまで配っていたのであるから。

――世田谷区は環境、環境と宣伝しているが、音の環境をどう考えているのですか！

昨日のゴッホ展のように、たえまなくメガフォンで客を整理するのは（世田谷美術館のある）砧《きぬた》公園の環境をいちじるしく破壊しきわめて野蛮だと思いますが、どうなのですか！

だが、係長のSさんはまったく意外というふうで、というより私が何を訴えているかわからないふうなので、単刀直入に聞いてみた。

——あなたは、メガフォンをたえまなく使用して美術館の入場整理をすることが必要だと考えますか？

——必要でしょうね。

——あなたはそれでよく環境公害課に勤めていますねえ。音に関してはあきれるほど問題意識がないのですね。

相手がその道の権威である場合には私は相手に対してきわめて要求が高い。プロだと思っているからである。この若い環境課の職員が私ごとき私人に理づめで反論しないことを、プロとして怠惰だと思うのである。黙っている彼に、私はついでに質問した。

——世田谷美術館沿いの環八（環状八号線）の横断歩道では、信号が赤のときには「横断歩道をお渡りの方はボタンを押してください」というテープ音が流れ、青に変わるたびに「青に変わりました。左右をよく見てお渡りください」というテープ音による注意が入りますが、盲人用とは到底考えられません。なぜなら、盲人にはボタンの位置がわからず、また横断しながら左右をよく「見る」ことはできないはずですから。とすると、あらゆる意味でこんなものは不必要です。環境公害課としては、どう考えますか？

だが、Sさんは追い払うように「それは警察の管轄です」と答えた。いかにも無能な職員である。私はため息とともに電話を切った。

次に私は世田谷美術館に直接電話し、同じようにメガフォン状況を説明した。課長のNさんははじめやはり「最終日にはひどく混みますし……」とか「不案内なお客さまもいらっしゃいますので……」とか一般論を繰り返す。

——とはいえ、当日券を買うためにすでに並んでいる客は、なぜその一五分間にさらに何十回も「当日券をお求めの方はここにお並びください。券をおもちの方はそのままお入りください」という注意を聞かねばならないのですか。いったいメガフォンでたえまなく注意することが絶対必要なんでしょうか。世田谷美術館は入場整理のありとあらゆる方法を十分検討して、このやり方に踏み込んだのですか？　その場合、周りの環境を破壊するという絶大な犠牲をどれだけ自覚しているのでしょうか？

――おっしゃることもわかりますが、やはりわれわれとしましては、なるべく多くの方にスムーズにご利用していただきたいという考えで……。

Nさんはお役所式答えをくりかえすばかりである。やはり彼も基本的に私の論点をわかろうとはしない。そこで、私は告白した。

――じつは、昨日私ひとりで一時間ほどメガフォンなしで整理してみたのですが、なんの苦労もなく大変うまくゆきました。

――……ああそうですか。われわれとしましては、お客さますべてに迅速に美術館を利用してもらおうと思って、とりわけ混む最終日にはああして整理しているのですが、今後はメガフォンで注意しつづけるという方法も反省すべきでしょうね。

爆弾を投じたような「告白」もアッサリかわされてしまった。じつは――闘争を重ねてイジがわるくなったのか――、このNさんのような「回答」を私はいちばん信用していない。本来なら、その次の展示の最終日に再度世田谷美術館を訪れて実地調査をするのが順当であるが、この場合はついそれだけの気力がなかった。

そのとき、またメガフォンを使っていたらどうしよう。そのお兄さんとふたたびやり合わねばならず、Nさんのウソをあらためて糾弾せねばならない。それは私としてもまたいそうくたびれることであり、世田谷美術館に行かなければ私に実害はないのだから、見たくもない展覧会のそれも混み合う最終日に行く必要もないのだ。こう考えて、——適当に休息することも兼ねて——実地調査はやめにしたのである。

ちなみに、昨年一〇月JR上野駅構内を通ると公園口近くでテレビとエンドレステープによってガンガン宣伝しながら、そのとき科学博物館でおこなわれていた「人体の世界」の入場券を販売していたので、早速科学博物館に電話で抗議。「貴重なご意見としてうけたまわっておきます」という丁重な応対であったが、これも実際にやめてくれるかどうかははなはだ疑問である。

「音」は権力を背景にしている

ここで、ぜひ言っておかねばならないことがある。プラカードを掲げてメガフォンで絶叫する若者たちは、一抹の快感を味わっているようなのだ。あの場で、自分たちだけが「音」を発することが許される。それは世田谷美術館やテレビ朝日という権力を背景にしているからである。しかし、私人が同じ「音」を発することは禁じられているのだ。

このように公共の場で「音」を発する側は、つねに権力を背景にしている。それを人々は、まったく反省することなく、受け入れてしまう。ここに、無意識のうちに権力に盲従する態度、権力の発する「音」に無批判的な態度がつちかわれる。私人がそれに疑問をもつことそれ自体を嫌悪する態度がやしなわれる。

後に検討するが、電車の中や喫茶店での携帯電話がうるさいという苦情が増えている。それにはさまざまな理由があるが、その一つに私人がわがもの顔に公共の空間で「音」を発していることに対する直感的な敵意があろう。であるから、こうした携帯電話に怒り狂う人々でも、権力を背景とした車掌のエンエンと続く大音響のアナウンスには抗議しないのだ。いや、むしろ「携帯電話のご使用はご遠慮ください」という放送をしてくれるように頼み込みさえするのである。

「エスカレーターをご利用のさいは……」という放送になんの抵抗もない人でも、もし私が前にいる人に「もしもし、エスカレーターをご利用のさいは……」と同じ内容を言ったら、ほとんど気違いあつかいされるであろう。商店街を包み込む大音響のBGMと同じ曲を同じ音量で私がかけていたら、たちまち常識違反とどなられるであろう。バスの車内放送の欠けている部分、たとえば「車内では大声で話さないでください。窓側を空けて通路側に座らないでください」と、私が車内でマイク片手に言ったら、たちまちつまみ出されることであろう。

名古屋でのサウンドスケープ研究会の席でのことである。学校用の新しいチャイムが開発された、という報告があった。ほんとうに清涼なため息の出るほど綺《き》麗《れい》な音で、会場からも「こんなチャイムならいいなあ」という声があがるほどであった。しかし、ここで考えてもらいたい。学校だからその音を出すことが許されるのである。私が自宅の屋根にそれを取りつけて定刻ごとに鳴らそうものなら、近所からゴウゴウたる非難が襲ってくることはまちがいない。

われわれは、これほどまでも権力に盲従しているのである。権力を特別視しているのである。こと「音」に関しては、マジョリティは徹底的に権力を擁護し、それに立ち向から私人の訴えを押しつぶす。この構造は、無意識的におこなわれているからますます容赦がない。そこに、一抹の罪の意識もないからますます危険である。

2　機械音地獄

ロマンスカー「音漬け号」

小田急線のロマンスカーは、数年前まで発車するや否や車内設備について次のような放送が入っていた。

車内設備についてご連絡いたします。座席の方向を変えます場合は、座席を前に倒して完全に止まるまでお回しください。テーブルは引き上げてご使用ください。また、横のボタンを押してたたんでください。灰皿は肘《ひじ》かけの先端にあります。お手洗いと洗面所は四号車と八号車です（この文くりかえし）。禁煙車両がございます。前より三両、一号車から三号車まで禁煙車両でございます。おタバコはご遠慮ください。またカード式の公衆電話が三号車に備えつけてあります。どうぞご利用ください。テレフォンカード専用の公衆電話です。三号車にあります。車内の仕切りはすべて自動式です。ご用のございますお客さまは車掌が通りましたさい、お知らせください。ご利用いただきましてありがとうございます。

そして、これが終わってホッとしたのもつかの間、「走る喫茶室」からの長々とした案内が入る。

本日は小田急ロマンスカーをご利用くださいましてありがとうございます。小田急走る喫茶室よりご案内申しあげます。ただいま車内におきまして、お紅茶、コーヒー、ココア、オレンジジュース、レモンソーダ、コーラ、トマトジュース、ウイスキーなど各種お飲み物、そのほかアイスクリーム、クールケーキなどお菓子類などもとりそろえておりますので、どうぞご利用くださいませ。喫茶ご利用のお客さまはメニューをご覧のうえ、お近くの係の者にまずお申しつけくださいませ。今月のお薦め品といたしまして、紅茶のアイスクリームとフラワーゼリーをご用意いたしておりますので、重ねてご利用くださいませ。また、本日このお時間になりまして、お食事物には数に限りがございますので、あらかじめご了承くださいませ。ありがとうございます。

新宿から下北沢あたりまで、約一〇分間エンエンと続く放送である。私はこの放送をテープに入れ、『中央公論』(一九九一年六月号)に「騒音文化批判」と題して、その人権無視のお節介放送を糾弾した。それから、その記事をたずさえて小田急電鉄広報室におもむき、課長のKさんと約二時間にわたって議論。「検討しておきましょう」といういつもの回答で終わったのであるが、一月後にロマンスカーに乗り込むと放送は半減していた。具体的には座席の方向の変え方、灰皿の位置、自動扉の注意などはなくなり、「走る喫茶室」からの放送も、長々と商品を挙げることはなくなっていた。

自分ひとりのために戦う難しさ

だが、これで終わらないのが私のしつこさである。小田急ロマンスカーは江ノ島近くに住んでいる親のところに行くときしばしば利用するので、要求が高くなるのであろう。今度は途中の二つの放送が気に障りはじめた。その一つは「ロマンスカードを車内で販売しております。〇〇〇円と〇〇〇円がございます。ロマンスカー乗車記念としてぜひお求めください」という宣伝であり、もう一つは「これから車掌が参りますので、乗り越しの方はお申し出ください」。——ここまでなら我慢できるのだが、これに続いて——「町田からJR横浜線横浜・八王子方面、藤沢からJR東海道線大船・平塚方面……」と、懇切丁寧にあらゆる乗り越しの場合を語るのである。しかも、これが新宿・町田間と町田・藤沢間の二度入る。

そこで、ある日新宿・町田間でこの放送を確認してからすぐ車掌に、両方とも即座にやめるように頼んだが、もちろん聞き入れられない。そこで、一つめの放送について実験をする。「私ひとりが苦痛を感じるのであれば、あくまでも個人的立場から合理的に交渉する」という原則を適用する場面に至った。

——この列車だけで、ロマンスカードはどのくらい売れるんですか？　その分だけ私が今一括して買いますから、もう放送しないでください。

こうした交渉は双方にとってきわめて合理的だと思うのであるが、だいたいうまく私の意図は通じない。

——お客さん、そんなことしなくていいですよ。

——いえ、本当に五千円ですか？　五万円ですか？

こう聞くと、もっと嫌がられる。その日はこちらの推量で一万円分買ったが、放送はなくならなかった。たぶんその行動が、大げさで「あてつけ」のように思われるからであろう。竿竹屋《さおだけ》に「ウチの周りだけ来なければ、その損害分はお払いします」と言ってもほとんど「それはおかしい」ととりあってくれない。もっとも、二度ほど（屑鉄屋《くずてつ》に一万円、焼き芋屋に三千円）私が一方的にお金を払った場合もある。そのときは「私は家で原稿を書いたり翻訳をしなければならない。家が職場なのです。といってあなたの営業を妨げようとは思わない。そこで交渉ですが、一万円払いますから向こうに行ってください」とはっきり言ったら、屑鉄屋はあいそよく「あいよ」と受け取って走り去った。

この場合、相手に私がいかに苦しんでいるかをお金の額によって示す、という意図もあるが、「いやらしい」と見られても仕方ないであろう。両親の住む西鎌倉の自治会は、月に二度ほど朝九時前にそれこそ大音響で「おはようございます！　きょうは子供会の廃品回収の日です。ご協力おねがいします！」と車でくまなく回る。雨戸を閉め耳栓をして眠っていても、たたき起こされるほどの音である。「音」を小さくしてくれるように自治会に何度頼んでも「聞こえないという意見もありますので」と一蹴《いっしゅう》される。私はさらに自治会長Fさんと電話で話した。

――でも、廃品回収の日は第一と第三水曜日に決まっているし、「自治会だより」にも明記してあるのだから、必要ないんじゃないですか。

――忘れている人もいます。それに、これは自治会の重要な財源なのです。

――では、私が前日に一丁目のすべての家に電話するなり、朝ポストに連絡入れましょうか？

――……。

――私は夏休み仕事をするために両親の家に来ているのですが、その日はたたき起こされて、一日中仕事ができなくなるのです。「自治会だより」によると廃品回収による収入は月三万円ほどのようですから、放送をしないことにより収入が減った分だけ私が払いましょうか？
——そんな勝手なことをされては困る。

Fさんは電話を切ってしまった。どうも私が「提案」をしたことそのことが許せないようだ。まあこの場合は、第一と第三水曜日の朝に私が両親の家にいなければいいのだから、あえてこれ以上抵抗する必要もあるまいと思い、鎌倉警察署と鎌倉市役所環境課に——Fさんの電話番号を伝えることも含めて——この暴力を訴えることでやめにした。両親から聞くところによると、依然としてあの「おはようございます！」は続いているそうだ。

以上のような個人交渉が非常な反感をかうことはよくわかっている。それは、——あとで詳しく考察するが——公的なことに私人が「多くの人のため」ないし「弱者のため」ではなく、「自分ひとりのために」反対する態度へのほとんど直感的な反感であろう。さきのテレビ朝日のUさんのように「そんなこと勝手にやられては困ります」という叫び声とともに、問答無用と切り捨てられるのだ。

ある日、新宿駅西口で車の上から拡声器によって「阪神《はんしん》大地震のためにボランティア活動をしましょう！　義援金を送りましょう！」と大音響放送をくりかえしているのに遭遇、ビラを配る数人の男女に「うるさいですよ。訴えるにもほかのやり方があるでしょう。あなた方は聞きたくない人の権利を侵害していますよ」と言うと、車上の男が

「何だ何だ」と降りてきたので、ふたたび以上のことを主張。だが、彼はせせら笑う態度で「自分がうるさいだけだろう。自分だけだろう。そんなもの『権利』じゃない」と吐き捨てるように言って、また車に上がりガナりたてた。

彼らは真のマイノリティのうめき声はわからない人々である。彼らは被差別部落出身者、身体障害者、薬害エイズの犠牲者など社会的に公認されたマイノリティなら、よろこんで味方になるであろう。しかし、たとえ被害者が一人であっても「権利」は侵害されるのだ。むしろ、この場合、侵害された権利を救済することは至難の業であり、だからこそ私はここにこだわるのである。こうした微妙な問題についてさらに彼らと論争しようとしたが、もはやだれも相手にしてくれなかった。

「親切な」放送の弊害

さて、いつの間にかずれていった話をロマンスカー車内にもどそう。「乗り越し」の放送については、いつものようにかみ合わない虚しい議論が続いた。

――なぜあんなに丁寧に乗り越しを放送するのですか。ただ「乗り越しの方はお申し出ください」でいいじゃないですか。

――お客さまの中には、車内でJRの券が買えることを知らない人もいますので。

――ですが、それは乗客のほんの一握りでしょう？　乗り越ししない人のほうが圧倒的に多いのに、小田急はこうしたお客に対してどう配慮しているのですか!
——私どもは命じられたまま放送しているだけです。文句は本社にお願いします。

そこで、また広報室課長のK氏に電話したが、今度はこの二つの放送はいつまでもなくならない。

JR中央線快速に乗ると、ときおり「東京から東海道山陽新幹線、東北・上越新幹線へお乗りかえの方、車内で切符をお求めになれます。東京駅窓口が混み合いますので、切符は車内でお求めください」という放送が入ることがある。だが、車掌のゆくえをつぶさに観察してみると、ほとんどだれも新幹線の切符など買っていない。どう見ても一パーセント未満の乗客のために、乗り越しの放送をすることがまちがっているのだ。

小田急ロマンスカーのことばかりで恐縮だが、儀礼的な機械音をこれでもかこれでもかとお客に浴びせかけて平然としている鈍感さはやりきれない。たとえば、次の三つの放送は、まったく必要ない。

一、乗車のさいにホームで聞こえる「これから乗車券に鋏《はさみ》を入れますので、切符はごめいめいさまおもちのうえ、順序よく前の方からご順にご乗車ください」という放送。

二、電車が終点に着くや車内に流れる「本日も小田急ロマンスカーをご利用いただきましてまことにありがとうございます。またお目にかかれる日を社員一同心よりお待ち申しあげます」という放送。

三、列車からホームに出るととどろく「新宿！　新宿！　ご乗車ありがとうございました」という放送。

第一の放送が必要ないことについては、世田谷美術館との戦闘でさんざん述べたから省略しよう。ここでは、第二および第三の終点におけるテープないしスピーカーによる儀礼的な挨拶《あいさつ》について考えてみる。

まず、第三の放送に関して言えば、終点の駅で駅名を告げる必要はまったくない。新幹線の東京駅でも列車が着くと「東京！　東京！」いう放送が入るが、いかにも不合理である。その数分前に、何度も車内放送でまもなく終点の東京であることを放送し、列車が停まる前からほとんどの乗客は降りるしたくをすませ、席を立って並んでいる。さて、降りれば至るところに「東京」と書いてある。ここが東京ではなく横浜か上野かと思うごく少数の人も、隣の客に「東京ですか？」と聞けばすむことである。だから、あらゆる意味で終点の東京駅で「東京！」と放送する必要はない。こう確信して、数度駅員や東京駅の助役とも議論したが、――問題が小さいだけに――真剣にとりあってくれない。

そこで、考えてみるに、東京駅における「東京！」という放送は「ここが東京ですよ」という告知の意味よりも、「さあ東京です。無事に着いてよかったですね」という乗客に対する配慮の意味のほうが強いのかもしれないと思いはじめた。この仮説は湘南《しょうなん》モノレールとの戦いを通して検証されることとなった。

湘南モノレールとの戦い

大船と江ノ島を結ぶ湘南モノレール線では終点の大船駅に、五年前から「毎度ご乗車ありがとうございます。大船、大船、終点です。JR線はお乗りかえです。どなたさまも、お忘れ物のないようご注意ください」というテープ音が入るようになった。到着三〇秒前に、車内で同じ放送を二度もくりかえすのだから、大船駅でこうした放送をさらにする必要はないと思い大船駅長のOさんに抗議。しかし「組織の中ですから、私の一存では何も決定できません」ということなので、本社運輸課長のMさんと電話で話し、私はとくに「大船、大船」という放送の無意味さを強調した。

——お客さまの中には不案内の方もいまして、まちがえる人もいますから……。

——いいですか。電車は停まっているのですよ。車内で三〇秒前に数度「次は終点大船です」という放送が流れるのですよ。それに、駅には大きな字で「大船」と書いてあるのですよ。百歩譲って、こうしたことすべてを聞き逃し見逃す人でも、隣の乗客にひとこと「大船ですか？」と聞けばすむことではありませんか。それなのに、なぜまちがえるのですか。まちがえるとしたら、その人こそおかしいのではありませんか。どんな人がどんな場合にまちがえたのか、具体的に言ってくださいよ。

Mさんはそれには答えず、突如論法を切りかえた。

――モノレール大船駅は毎日六万人の乗降客がありますが、苦情を言うのはお客さん（あなた）だけですよ。

――では、つい最近まで二〇年間大船駅で「大船、大船」という放送はなかったのですが、そのあいだぜひこの放送を流してほしいという苦情、しかも私のように合理的理由にもとづいて訴える苦情があったのですか？

――……。

やはり、なかったのである。もう一方の終点湘南江の島駅では、今でも駅構内にはいっさい放送が入らない。しかし、だれからも電車が着いたとき駅で「湘南江の島、湘南江の島、終点です」という放送を流さねばわからない、という苦情は届いていないのである。

電話ではよく伝わらないと考えて、私はMさんに直接会いに行った。私がとくにこだわるのは、大船駅ではそれまで駅構内でのこうした放送がなかったからなのである。この放送は乗客の利用数にはいっさい関係ない。井の頭線の終点、渋谷駅や吉祥寺駅では「渋谷です」「吉祥寺です」と放送することはない。京王線新宿駅ですら、昼間はときおり省いている。とすると、明らかに湘南モノレールは合理的状態から不合理な状態へ改悪をおこなったのである。したがって、こうした放送をあらたに導入した会社の姿勢をトコトン聞いておかねばならない。

課長のMさんは柔和な姿勢を崩さなかったが、予想どおり合理的な議論を避けつづけた。

——このあたりは観光客が多く、やはり必要を感じる人もいますので……。

——いいですか、電車は停まっているのですよ……。

Mさんは私と議論する意志のないことを全身で示している。私が期待する答えとは、たとえ根拠薄弱であっても「いえ、人間の心理として、そこが終点だとわかっていても、はっきり言ってもらって安心したいというのがあるのです」というような断固とした反論である。それなら、私は熱心に再反論できよう。しかし、Mさんは私の疑問を理解しようとしない。いや、直視しようとしない。私はいらだつ気持ちをおさえて立ちあがった。

駅名を告げられねば「降りた気がしない」？

私は半年後に、大学の「紀要」に湘南モノレールとの以上のやりとりを詳しく書き、その論文を添えて、湘南モノレール社長に親展で、せめて「大船、大船、終点です」という放送だけでもやめてもらいたい、という直訴の手紙を書いた。

一ヵ月しても返事がこない。やはりにぎりつぶされたか、と怒りに燃えてこちらから社長に直接電話。すると、意外にも電話口には快活な社長の声が響いてきた。

――ご論文、隅から隅まで読ませていただきました。なるほどと思い、さっそく放送削減することにし、今検討しております。しばらくしてお手紙さしあげます。

予想をうわまわる朗報である。そして、まもなく丁重な手紙が届き、いまいましい「大船終点です」という放送はやっと地上から消え去ったのである。

さて、その後大船という放送が復活しないことを確認して、私は半年後に社長にふたたび手紙を出し、「あの放送がなくなったことにより、何か苦情がありましたか」と質問した。「いえ何も」という返事を期待していたのだが、なんと「降りた気がしない」という苦情がかなりあったそうである。

わが家の最寄りの京王線仙川駅との交渉で、同じ（私にとっては夢にも思わない）論理をつきつけられた。調布までの各駅はホームに駅員がいない無人駅であり、煩瑣《はんさ》なテープによる放送は入るが、駅名を告げる放送はない。とすると、駅員のいるここ仙川でも駅員が電車到着時に「仙川！」と言わなくともいいのではないか、と私は思った。問題が細かいだけに訴えにくく、じつのところ駅員がマイクを通じて「仙川！」と言うのはさほど嫌でもないので、ズルズルと質問を延ばしてきたが、このロジックにどう答えるか興味もあって、ある日意を決して駅長室の扉をノックした。そして、その回答に私はアッと声をあげそうになったのである。

——じつは、言わないことにした場合もあるのですが、ホームに駅員がいるのに駅名を告げないとは何ごとか、という苦情がありましてね。

この場合も、苦情が何百も殺到したわけではあるまいとは思うが、降りたとき扉の横の駅員が無言でいるより、「仙川！　仙川！　ご乗車ありがとうございます」と言われたいという願望も、それなりにわかるものである。

同じく「落とし物、お忘れ物のないようにご注意ください」という鬱陶《うっとう》しい放送も、実際的効果ばかりではなく、こうした言葉を通じて「私はあなたのことを気にかけていますよ」という意図を表現しているのかもしれない。あらゆる劇場では、終演とともに「お忘れ物のないようご注意ください」という放送が入り、それればかりか「お気をつけてお帰りください」という放送まで加わることがある。日本旅館が客を送り出すときの言葉に通じるところがある。つまり「お忘れ物のないよう」とか「お気をつけて」とかの言葉は、文字どおりの意味は希薄であり、むしろ客への配慮を表す意図のほうが強いであろう。

われわれ日本人は、サービスを期待するところでは、こうした言葉をかけてもらうとも期待しているのである。私とて旅館で「お気をつけてお帰りください」と言われて「そんな無意味なことを言わないでくださいよ」とは反論しない。ごく自然に耳に入り不快ではない。

だが、同じことを、生身の人間によってではなくテープやスピーカーによって呼びかけられるや、たちまち不快になる。そして、この感受性がなかなかマジョリティにはわかってもらえないのである。次に、第二の「ありがとうございました」という機械音について、少々立ち入って考えてみたい。

テープ音による「ありがとうございます」は無礼である

わが国では、いたるところテープ音やスピーカーによる「ありがとうございます」のオンパレードである。最悪の場所は銀行と駅。自動出納機が七、八台置いてある大きな銀行の支店など、自分が操作しているあいだじゅう右から左からその向こうから「ありがとうございます。ありがとうございます。ありがとうございます。ありがとうござい

ます。ありがとうございます。ありがとうございます。ありがとうございます。ありがとうございます。ありがとうございます」と叫びつづけられ、私にとってまさに阿鼻叫喚《あびきようかん》の地獄である。

駅構内にも「ありがとうございます」地獄は出現している。たとえば、都営新宿線市ケ谷駅はJR方面用二台と営団地下鉄方面用四台の合計六台の精算機が設置されており、すべての精算機から「ありがとうございます」の機関銃爆撃を受ける。京王線の調布駅や小田急線の藤沢駅のようにたとえ一台だとしても、五人並んでいる場合は五度「ありがとうございます」を聞かねばならない。

住友銀行や三和銀行（の一部）、調布駅前のグリーンホールなど、お客が出るたびに「ありがとうございます」という甲高いテープ音が流れ、利用客が多い場合は、まさにたえまない「ありがとうございます」の炸裂《さくれつ》地帯となる。

デパートや駅構内での「呼び出し」だけでも、そこにいる九九・九パーセントの人には関係のない連絡であり、きわめて不合理だと思うのに、かならず呼び出しの前に「〇〇〇をご利用いただきましてありがとうございます」という「枕言葉」が入るのだ。ある日、横浜のランドマークタワーで、約五分に一度というあまりの呼び出しの多さに辟易《へきえき》し「インフォメーション」の女性に、せめて呼び出し前の「本日も横浜ランドマークタワーをご利用くださいましてありがとうございます」という放送だけでもカットしてくれないか、と言ってみた。

ヘンな顔をして、何やら内部に電話して営業課の某氏が電話口に出てくれたので、私は年来の主張をした。だが、もちろん伝わるわけはない。彼は「貴重なご意見として検討してゆきます」と結んだが、この言葉は、――これまでの経験では――「あなたの意見はにぎりつぶします」という意味にほぼ等しい。まあ、ランドマークタワーも息子にせがまれて来ただけであり、もう一生来なくてもよいところなので、それでよしとしたが……。

マジョリティにはなかなかわかってもらえないだろうが、「ありがとうございます」という挨拶《あいさつ》は次のそれぞれの場合に印象がまるで違うのだ。

(イ) そこに生身の人間がいて「ありがとうございます」と挨拶される場合。
(ロ) マイクを通して、しかも話者が見えるところで「ありがとうございます」と挨拶される場合。
(ハ) マイクを通して、だが話者が見えないところで「ありがとうございます」と挨拶される場合。
(ニ) テープ音によりどこからともなく「ありがとうございます」と挨拶される場合。

「ありがとうございます」が、本来の挨拶の機能を果たしているのは(イ)、せいぜい(ロ)までだ、と私は思っている。つまり、「本来」とは、挨拶の目的が達成されていることであり、そこにいる生身の人が全身の態度とともに特定の相手に対して彼（女）を見て挨拶している場合である。

(ハ)、さらには(ニ)は「ありがとうございます」という言葉だけが空転し、相手に対する感謝の気持ちはじつは伝わっていない。なぜなら、とくに(ニ)の場合、そこに人がいなくとも、ドアを開ければセンサーが身体＝物体をとらえて「いらっしゃいませ。ありがとうございます」という音声を発する仕組みであることを知っているからである。物体が通過すれば「いらっしゃいませ。ありがとうございます」という信号を発するだけなのだ。てんぷら屋やビデオショップなどでは、奥にいる自分たちがお客が来たかどうかを知るための道具でもあるのだから、ますます無礼だという感じがする。

さまざまな感受性の人がいることはわかっている。機械に「いらっしゃいませ。ありがとうございます」と挨拶されても不快でないのが、この国ではマジョリティなのであろう。しかし、そんな人でも、それは嫌でないだけであって、積極的に心地よいわけでないこともたしかなのである。

やはり、みなここに無礼が潜むことを知っているのだ。だから、一流ホテルや一流レストランにかぎって、扉が開くと「いらっしゃいませ」というテープ音が入ることはない。葬式のお焼香が終わるごとにテープ音で「ありがとうございました」という装置をつけることはない。まして、個人宅で——たとえ無料であるとしても——この装置をつけようと思う人はいないであろう。それは、たいへんな無礼であること、お客を人として尊重しないことをよく知っているからである。

ＪＲ東海との長い長い戦い

さて、新幹線の各駅では、あらゆる放送の前に「新幹線をご利用いただきましてありがとうございます」という挨拶が入る。とくに、改札口では「ここでは乗車券をお見せのうえ特急券のみお渡しください」という甲高いテープ音の前にかならずこの挨拶が入る。これが列車が到着するたびにお客が改札口を通るあいだずっと流されるのであるから、東京駅など場合よっては一〇度も「新幹線をご利用いただきましてありがとうございます」と挨拶される仕組みになっているのだ。

これはたいへんな暴力であると感じたので、私はさっそくＪＲ東海に抗議したが、これまでのあらゆる交渉の中でＪＲ東海が最も誠意がない。

まず私は一九九一年六月七日、ＪＲ東海東京広報室に、この挨拶はぜひ必要なものか、という質問状を出した。ただちに（六月一八日）室長のＫさんから「お客さまに感謝の意味をこめて放送させていただいております」という紋切型の回答が届いたので、私は七月八日にさらにＫさんに「テープで一〇回も、新幹線をご利用いただきましてありがとうございます、と同じ調子で放送することが本当に感謝のつもりなのか」と反論。

返事がなかったので、しばらくあいだをおき——ほかの戦闘が忙しかったこともあり——翌年一九九二年六月に今度は広報室に直接電話してみた。室長はすでに代わっており、副室長のSさんが電話口に出たので「前の室長に手紙を出したが返事がない。あらためて返事を要求する」と伝えると、ぶぜんとした語調で「後に会社として回答いたします」ということである。数日後、Sさんから電話があった。


――会社としましてはすでにお答えしたとおりです。

――Sさん。会社とはだれですか？　室長ですか？　あなたですか？　社長ですか？　どのような議論をし、どのような経過を経てその回答が出たのですか？

――それにはお答えできません。

――なぜですか？　Sさん。同じ調子で続けざまに一〇回もテープによって挨拶されることによって感謝の気持ちが伝わるとほんとうにお考えですか？　たとえば、お宅の最寄りの駅で、テープによって一〇回改札口で「○○をご利用いただきましてありがとうございます」と「挨拶」されて、あなたうれしいですか？

――……。


Sさんは沈黙を守っている。こうなると、お手あげである。私は電話を切って、今度は月に一度の割でしつこくJR東海広報室に電話してみたが、驚くべきことに、そのたびに出てくる職員のだれも私の要望を知らないのである。五回ほど電話口の異なる五人すべてに「挨拶」をやめてくれるようにそのつど理由を付して説明したあげく、ほとほと私もアホらしくなってきた。

そこで、今度は奇襲攻撃と、翌年一九九三年四月に「拡声器騒音を考える会」メンバーの（在日二〇年。イギリス生まれでオーストラリア育ちの）ディーガンさんとともに東京駅八重洲《やえす》口のＪＲ東海広報課を直接訪れた。しかし、目下会議中でだれも出てこられないという。

次に、名古屋の本社にＪＲ東海社長宛《あて》に手紙を書いたが、これまた返事がない。次に——ここまでくると私は絶対あきらめないのだ——名古屋のＪＲ東海本社広報課に電話、窓口のＯさんにこれまでのいきさつを述べ「社長に手紙を書いても返事がないとは何ごとか」と訴えた。すると「くわしく調べますので、すみませんが、これまでのお手紙をコピーしてお送りいただけませんか」ということである。

うっすらと夜明けの光が見えてきた。私はこれまでの私とＪＲ東海双方の手紙のコピーに長い手紙を添えてすべて名古屋に送った。

だが、またもやいくら待っても返事がない。数カ月待ってから名古屋に電話してみると、同じＯさんが出て「会社としましてはすでにお答えしております」という返事である。ついに堪忍袋の緒が切れた。

——そんな紋切型の回答には納得できないという手紙を出したのに、また同じことをくりかえすのですか！　あきれてものが言えませんよ。それに、第一それならそうとなぜ連絡してくれないのですか！　ＪＲ東海が私が今まで交渉したうちで最低です。最も誠意がなく、最も低級な回答しか用意せず、最も無礼です！

――……。

そして、またもやＯさんも沈黙。これがＪＲ東海の体質なのだ。かたちだけの回答をよこして、まったく考えていないのだ。私は虚しさに涙が出そうになる。そして、右翼や暴走族のほうがよっぽど健全だなあ、彼らは少なくとも自分たちが善良な市民の敵であることを知っている。その分だけ「まとも」だなあ、とあらためて思ったのである。

バスの車内放送のすさまじさ

日本一の機械音地獄地帯はバス車内である。前章で詳細に帝京技術科学大学行バスとの戦いを紹介したが、いつもあのように成果があるとはかぎらない。ここで、もう一つ――煩瑣《はんさ》であることを承知のうえで――私がよく利用するわが家近くを走る小田急バスの車内放送を示してみよう。

――次は青山学院理工学部前、青山学院理工学部前でございます。船橋方面にお越しのお客さまはお乗りかえでございます。お客さまにおねがいいたします。事故防止のため、やむをえず急ブレーキをかけることがございます。お立ちの方はつり革や手すりにかならずおつかまりねがいます。……次は千歳中学前、千歳中学前でございます。……次は榎《えのき》でございます。お降りの方はブザーでお知らせください。お降りのさいには足もとにご注意ねがいます。……次は駒大グラウンド前、駒大グラウンド前でございます。……次は祖師谷四丁目、祖師谷四丁目でございます。……お降りの方はブザーでお知らせください。危険ですから、車が停まってから座席よりお立ちください。……次は教育大農場前、教育大農場前でございます。走行中事故防止のためやむをえず急停車することがありますので、ご注意ねがいます。……次は世田谷高校裏門でございます。……次はゴルフ練習場前、ゴルフ練習場前でございます。内科外科眼科の○○○クリニックはこちらからお越しください。お客さまにおねがいいたします。走行中の座席の移動はたいへん危険ですから、おやめください。……次は成城四番、成城四番でございます。瘦身《そうしん》、日焼けで定評の○○○は成城北口にございます。……次は成城一番、成城一番でございます。おいしさを作って七〇年、お菓子の○○○は成城学園北口にございます。貸衣装の○○○は成城学園北口東京ガス隣にございます。お客さまにお知らせいたします。みなさまのご旅行には小田急の観光バスをご利用ください。東京××××局の××××、小田急バス観光課へどうぞ。……まもなく終点成城学園北口、成城学園北口、蜂蜜《はちみつ》洋菓子と喫茶の○○○前でございます。夜七時まで営業の○○○歯科診療所は駅北口○○書店並びにございます。お降りのさい、どなたさまもお忘れ物ございませんようおしたくねがいます。降りたバスのすぐ前やすぐ後ろの横断は非常に危険です。道路は正しく横断しましょう。本日は小田急バスをご利用いただきましてありがとうございます。

乗っている一五分のあいだに、これだけの放送を聞かされるのだ。乗客は何度「おねがい」されることであろう！　こうした事情が日本全国津々浦々のバスに共通であることはみんな知っていよう。ここであえて「ではのかみ」を演ずると、ヨーロッパのバスではこうした指示は何もないが、だからといって乗客がバスの中でカーブのたびごとにひっくりかえったり、ブザーを押し忘れて降りられないということはない。いや、たとえ日本人だとてこの程度の「理性的」な行動はとれるのだ。こうした放送をただちにやめても、大混乱が起こるわけでないことは確実である。

というわけで、私は小田急バスに「なぜ、これだけの放送が必要なのか」という質問状を提示してみた。返ってきた回答は次のものである。

……当社は旅客を目的地まで安全に輸送するのが第一の業務でありますので、責任回避や警察の指導ではなく、事故を起こせば運転手は一生重荷を背負って生きていくという現実がある以上、過去の事故例の中より「……たら」「……れば」の反省のうえに立って、車内事故が、「0」になるよう、会社、従業員一同が祈るような気持ちで放送していることをご理解ください。……

ここには、本来の美徳が反転し、そのプラスの局面がマイナスへと転じる論理が典型的に見られる。文面をそのとおり読めば、どこまでももっともである。無事故を「祈るような気待ち」はよく理解できる。万一事故を起こしたとき運転手を待っているつらい一生も一〇〇パーセント納得できるものである。たしかに、無事故を祈るべきであり、他人（運転手）の立場を思いやるべきであり、このことは現代世界のどこへ行ってもほぼ一致する美徳であろう。

しかし、私が異をとなえたいことは「だから車内放送をする」という論理の連なりである。私は、この「だから」のうちに、バス会社の事態を考えぬいて対処したのではない、安直で粗雑で軽薄な姿勢、ひとことで言えばウソをかぎつける。

もう一度、小田急バスが何を放送しているか、想い起こしてもらいたい。

――やむをえず急ブレーキをかけることがございます。お立ちの方はつり革や手すりにかならずおつかまりねがいます。

――お降りのさいには足もとにご注意ねがいます。

――危険ですから、車が停まってから座席よりお立ちください。

――走行中の座席の移動はたいへん危険ですから、おやめください。

――降りたバスのすぐ前やすぐ後ろの横断は非常に危険です。道路は正しく横断しましょう。

車内をよく観察してみよう。立っている人は全員つり革や手すりにつかまっている。でないと、揺れる車内で身体《からだ》を安定させることができないことを知っているからである。そして、曲がり角などでは、それまで漠然とつり革に手をやっていた人はギュッとにぎりしめる。「走行中」でも自分の降りる停留所が近づくと、車内の前のほうに走ってゆく人がいる。「走行中」でも、後ろの空いた席にずれる人がいる。だが、運転手は注意しない。降りるさいは、みな足もとを慎重に確認して降りている。

つまり、一方で放送がなくとも人々は最低の身の安全を承知しており、他方で放送があるにもかかわらず、バス車内で人々は「おやめください」と言われる行為をくりかえしているのだ。車内放送は、危険を防止するという実効はないのである。

注意放送を支える悪質な論理

だが、こうした現実を突きつけてもバス会社はけっして放送をやめない。なぜなら、ここには現代日本をくまなくおおっている次の二つのきわめて悪質な論理が控えているからである。

一、あらゆる場合に起こりうる事故を防ぐため、という論理。

二、万一事故が起こったときに、バス会社（運転手）が事故防止に尽くしたと抗弁できるという論理。

前者は、さきの小田急バスからの回答の中にも顕著に認められる。つまり、たとえこれまで五〇年間にわたって「走行中の席の移動」によってかすり傷程度の事故さえなかったとしても、「今後絶対起こりえないとは言えない」という理由により流されつづける。過去のデータをいかに見せても反証とはならない論理構造になっているのである。

ほかの例を挙げてみよう。京王帝都電鉄では過去五年間くらいのうちに「駆け込み乗車はあぶないですからおやめください」というテープ放送が次々に入るようになった。千歳烏山・代田橋・上北沢・調布・柴崎・国領・布田・駒場東大前・井の頭公園……と毎年二駅ずつくらいの割りで増えている。問い合わせてみると、かつて稲田堤駅で駆け込み乗車による事故があったので、導入したとのことである。

私が知るかぎり、京王帝都電鉄ではここしばらく駆け込み乗車が原因の人身事故はない。それでも、「ありうる駆け込み乗車による事故」のためにエンエンと放送を流しつづける。昼間や夕方は、この放送にもかかわらず各駅は電車に突進する人であふれている。早朝や深夜近く、だれ一人ホームにいないときでも「駆け込み乗車はあぶないですからおやめください」と二度甲高い声はカラ回りする。その不合理さは、果てしない。

小田急線では、かなりの駅で電車が近づくときに次の放送が入る。

お客さまにおねがいいたします。発車まぎわの駆け込み乗車はたいへん危険です。電車は正しく乗りましょう。

これは、（駆け込み乗車をする余地のない）電車内の人に聞こえないという点ではより合理的である。だが、その説教口調はいちじるしく不快である。

だが、たぶんこの種の放送のうち最大の馬鹿放送はエスカレーターの注意放送であろう。本書のはじめにその例を挙げたが、エスカレーターによる大きな事故はここ当分発生していないが、それにもめげずにデパートやスーパーや駅などでは「ありうる危険にそなえて」煩瑣《はんさ》な注意放送をくりかえしているのだ。

しかも、その放送がけっしてよく考え抜かれたものでないこと、つまり安直なことは、さまざまな調査をするとよく見えてくる。JR東日本では、放送が入る駅と入らない駅、一つの駅の中でもあるエスカレーターには入り別のエスカレーターには入らず、とバラバラである。東京駅の横須賀線・総武線快速へ降りる長いエスカレーターには放送は入らないのに、新宿駅の中央線快速ホームに昇るごく短いエスカレーターには入る（東海道新幹線でも、東京駅はじめ名古屋以東のエスカレーターには入らないが、関西の駅はすべて入る）。

あまりの不統一にJR東日本は何を考えているのかと、ある日JR新宿駅助役室に電話。さっそく調べて回答するとのことであり、三日後に受けた助役Tさんの回答は「西口近くでは身体障害者に対する放送をするように都庁より依頼されていますので」というものであった。中央線ホームと都庁とがどんな関係なのか不明ではあったが、都庁に聞いてみたところ、そのような依頼はしていないとのこと。そこでまたTさんに電話してウソを追及すると、JR東日本総務課に統一見解を求めてほしいという返事である。「いいかげんな回答はつつしみなさい！」とクギをさしてから総務課に電話したが、これがまたヒドイのひとことに尽きる。電話口の若いAさんは「ケース・バイ・ケースです」と答えるだけなのである。

――そんな無能な政治家の答弁のようなことで納得すると思いますか！　なぜ池袋駅に入っていて、東京駅には入っていないのですか？　なぜ、新宿駅の場合、中央線ホームには入り、成田エクスプレスの発着ホームには入らないのですか？

――ですから、ケース・バイ・ケースで、それ以上お答えする必要はありません。

なかなかガンコである。その石頭にムカムカしたが、こういう人がJR東日本の幹部にのしあがるのではないか、という思いがチラッと頭をかすめる。だが、この場合大誤解されて「では、すべてのエスカレーターに注意放送を設置することにします」という方向に一歩でも進んだらたいへんなので、あまり追及もできず、Ａさんの不誠実を何度もきびしく責めて電話を切った。

とはいえ、私には答えのありかはだいたいわかっている。「よく考えていない」ことプラス乗客から苦情が来たり何か事故（らしきもの）があると、そのたびに取りつけることにより、今の不統一が現出する、と考えてよいであろう。

たとえば、成田空港のエスカレーターには注意放送が入るが、羽田空港のエスカレーターには入らない。逆に、成田空港の「動く歩道」には注意放送が入らないが、羽田空港の「動く歩道」には入る。成田空港公団に電話して、この不整合を問いただすと、成田空港にも以前入っていなかったが（私も憶《おぼ》えている）、数年前に負傷事故が起こったのでその後導入したとのことである。

野蛮人の街、恵比寿ガーデンプレイス

前に触れたが、ＪＲ恵比寿駅からガーデンプレイスへ向かう五本の動く歩道「スカイウォーク」にはたえまなく「まもなく終点です。足もとにご注意ください」という放送が入る。往路・復路両方の放送が入り乱れ、往路だけで五〇回はこの放送を聞かねばならないたいへんな音攪乱《かくらん》地帯となっている。じつは、はじめガーデンプレイスを企画したサッポロビール建設管理部は「自己管理できる大人の街」をめざし、こうした放送はまったくなかったのだが、開業前日には九一歳のお年寄りが、開業翌日には小学生がい

ずれも骨折事故を起こした。すると、たちまち渋谷警察署の指導により、この野蛮な放送を導入したとのことである。

これが日本の縮図なのだ。その三日間ガーデンプレイスには何万人も訪れているはずだが、そのうちたった二人が事故を起こせば、そこを注意放送の一大喧騒《けんそう》地帯に変えてしまうのである。それにしても、私はそのくりかえし音に頭がおかしくなるほどであるのにみんな無関心なので、ある日実態調査をしようと「拡声器騒音を考える会」の仲間三人とであらためて現場におもむき、出口近くで数人に「この音うるさくありませんか？」とスピーカーを指さして聞いてみたところ、「えっ、何ですか？」という反応ばかり。つまり、聞いていないのだった！

月刊誌にはこんな記事さえある。

ＪＲの恵比寿駅東口から続く、連絡通路を行く人々の足は軽く、表情は明るい。喋《しゃべ》り合いながら、動く歩道を通りすぎてゆくグループには、これから待っている楽しみへの予感があふれている。（『正論』一九九五年三月号「東京人覚え書き」枝川公一）

たしかに、そうなのだ。連続五〇回も「まもなく終点です。足もとにご注意ください」と注意されても、だれも気にとめない。この国では、私たちが徹底的にズレていることを認めねばなるまい。「自己管理できる大人の街」などだれも望んではいないことを、サッポロビールも思い知らされたことであろう。

それにしても、エスカレーターの注意放送は百歩いや千歩譲ってその利用者だけに聞こえればいいのに、たとえばJR福島駅や函館《はこだて》駅それに成田空港のエスカレーター放送などは二〇メートルさきにまで聞こえてくる轟音《ごうおん》である。とくにひどいのが名古屋駅地下街「エスカ」へ通ずる放送で、二台のエスカレーターからは煩瑣なエンドレステープ音が放出されるが、さらに屋根には大きなスピーカーがへばりついており、そこからも「エスカレーターにお乗りのさいは……」という炸裂《さくれつ》音が周囲三〇メートル四方に響いているのだ。

この轟音の中を素知らぬ顔でエスカレーターに乗っている人々は、――失礼ながら――いかに澄ました顔をしていようと、いかに寸分の隙もないファッションで身を包もうと（私には）野蛮人に見えてしまう。

ここまで読まれた読者諸賢の中には、万一の事故を防ぐためのこうした注意放送のどこがいけないのか、と反発や疑問を抱く方もあろう。その弊害ははかりしれない。

第一に、一律な注意放送はアアセヨ・コウセヨと言われたくない人の人権を侵害している。言われなくとも、安全にバスを利用できる人、万一事故が発生しても自分で責任をとろうという構えの人にも暴力的に浴びせかけられる。

第二に、アアセヨ・コウセヨと言われなければ、みずから行為できない人を産出する。

第三に、膨大なアアセヨ・コウセヨ放送を「聞き流す」耳をつくる、つまり真のメッセージを「聞かない」耳をつくる。

第四に、これが一番の弊害であるが、事故が起こった場合に自分の怠慢をタナにあげてバス会社（など）に責任をなすりつける態度をやしなう。みずから注意するという姿勢を怠り、あるいは人間として当然の注意力をもつことを教育せず、「放送がなかったからウチの息子はけがをしたのだ」という奇妙な論理を振り回して、バス会社（など）を責める態度をやしなう。もっと客を「管理してくれる」ようにバス会社（など）に声をからして訴え、自律的に判断し自己責任をとる人々にとっては拷問のような環境をつくりあげようとする。

さきに挙げたバス会社側の自己防衛の論理は、こうした客側の怠惰で鈍感で甘えた暴力的態度にぴったり寄り添っている。自分の不注意をタナにあげていったん事故に遭ったらバス会社を訴えてやると目を光らせている乗客たちに対して「放送を流していました」という抗弁は——残念ながら大きな力をもつのである。

注意放送を流す「ほんとうの」理由

さきの小田急バスの回答に対して私は「納得できない」という手紙を出したが、返事はなかった。さらに、直接電話してみると、——JR東海のとき同様——「もう回答は出しました」と冷たくあしらわれた。そこで、今度は戦略を少し変えて京王バスに直接問いただしてみた。

――バス内の注意放送については行政の指導があるのですか？
――運輸省や警察庁の指導があります。
――放送によって注意せよ、という具体的指導なのですか？
――そうではありませんが、事故をなくすためには放送がいちばん効果的ですから。
――でも、放送をまったく流さず掲示だけをしていても、法律的にはバス会社の責任の問われ方に変わりはないはずでしょう。

だが、このように露骨にバス会社の自己防衛の論理を前に出すと、敵はたちまち偽善きわまりない道徳的態度を前面に押し出す。

――われわれは、あくまでもお客さまの安全のために放送を流しているのです。

こうした回答は、道徳的仮面を被《かぶ》って真剣な議論を中止させようとするものであり、不誠実なことこのうえない。

だが、ずっとあとのことであるが、千葉そごうデパートとの交渉の過程で、京王バスの回答の裏にある真実（らしきもの）が判明した。千葉そごうデパートの店内のすべてのエスカレーターには、かつて次の放送が流れていた。

本日はそごうにお越しくださいましてありがとうございます。エスカレーターにお乗りのさいは、赤い手すりにつかまり、お足もとに気をつけて、黄色い線の内側にお立ちくださいませ。よい子のみなさん、エスカレーターに乗るときは、足もとをよく見て、黄色い線を踏まないように赤い手すりから身を乗り出さないようにしましょう。お母さまにおねがいいたします。ベビーカーをエスカレーターに乗せるのは、たいへん危険ですので、エレベーターをご利用くださいませ。お年寄りやお子さま連れのお客さまは、手をつないでお乗りくださいませ。エスカレーターの乗り降り口には、あぶないですから立ち止まらないようおねがいいたします。

そこで、店長に異議申し立ての手紙を書いたところ、まもなく社長室長のBさんからたいへん手応《てごた》えのある回答が寄せられた。近々新館に移転するので、そのさいにはエスカレーターの放送を再検討したいという内容である。しかし、次の部分のロジックはきわめておかしい。

先日、子どもがいたずらをしてエスカレーターのボタンを押して止めてしまい、乗っていた老婆が負傷するという事故が発生しました。そこで、やはり注意放送はなくさないという方針に固まりました。

私は「放送があっても、子どもがボタンを押して事故が発生したのだから、ここから注意放送が必要だという結論を導き出すことはできない」という内容の手紙を書いたが、今度は返事がない。そこで、しばらく待って新館ができてから、近くの市原市に住む建築家のYさんと新館エスカレーターの放送を調べてみた。たしかに音はだいぶ小さくなっており、注意内容も減ってはいるが、温存されていることに違いはない。それだけ確かめてBさんを訪れた。

Bさんは、――私の長い闘争の経験からすると――例外的に誠実な人、つまり合理的な議論をにぎりつぶさない人である。そこで、私は「いずれ、エスカレーターの注意放送を全廃するという方向でお考えねがえないか。視覚表示をしっかりしておけば、事故が起こったときでも裁判には負けない」とあくまでも合理的な提案をした。だが、Bさんの返事はまさに「目からウロコ」であった。

――いえ、たとえ裁判で勝っても、エスカレーターに注意放送がなかったことをマスコミは攻撃するでしょうし、お客もクチコミで来なくなるかもしれない。私たちは客商売ですから、こうした事実を無視できません。弱い立場にいることをご理解いただきたいのです。

法律問題ではないのだ。事実問題なのである。たとえ裁判で負けないことはわかっていても、お客の減少を恐れてデパートは注意放送を流すのである。どこまでも深く広く根を張る「管理されたい症候群」の威力に、私はため息をつくよりほかない。

暴力的に「甘える」人々の群れ

「加害者」側のさまざまな人と語り合ってゆくうちに、しだいにはげしいいらだちとともに浮きあがってくるのは、「お客さん」のほとんど異常とも言える甘えの姿勢である。ときどき駅員にどなりかかっている乗客を見るが、「もっと頻繁に連絡してくれなかったから乗りまちがえたのだ」「もっと懇切丁寧に言ってくれなかったから、目的地に着けなかったのだ」と訴えるときの剣幕はものすごい。ちょっと注意すれば、駅構内にはしつこいほど表示してあるのに、あるいは自分の目的地くらい自分で調べればよいのに、あるいは周りの人にちょっと尋ねればよいのに、こうしたわずかな労力も払わずに、駅員や車掌に向かって「ああ放送してくれ、こう放送してくれ」とだだをこね泣きわめくのである。

JR内房線五井駅のホームで電車を待っていると、スピーカーから何やらぶつぶつ言うテープ音が聞こえる。近づいてみると、「グリーン車をご利用の方は、あらかじめグリーン券をお買い求めのうえご乗車ください」という内容をエンエンとくりかえしているのだ。駅長室に問い合わせると「グリーン車に移っても、グリーン券をすでにもっている人が優先して座れなかった、と文句を言う人がいますから」という回答が、用意されていたように出てきた。

駅ホームには今二、三人の人しかいない。電車はあと一五分も来ないのだ。それに、今は昼間のすいたとき、グリーン車に乗る人はまずいないし、たとえいたとしてもグリーン車はガラガラであって十分中で券を買えるのだ。このような状況に、アノ放送をエンエンと流すとは不合理もはなはだしい。およそ、こうした内容を私は訴えた。そのときは止めてもらったが、たぶんまた一人でも「グリーン車に乗れなかった!」と車掌につめ寄る人がいれば、この実効のない馬鹿放送がたちまち復活することはまちがいない。

ある日、新宿駅で「お乗りの方は左右をよく見てすいた扉からご乗車ください」と絶叫している若い駅員に「なんでそんな馬鹿げた放送をするのですか!」と問いつめると、「こう放送しないと、乗れなかったといって駅長室にどなりこんでくるお客がいるんです」という答えがスラスラ返ってきた。

別の日は、京王線仙川駅で「電車が見えていても、階段を昇ってくる人のために乗れないじゃないの!　左側通行を徹底するように放送してよ!」と駅員をつかまえて大声をあげているおばさんを見かけたので、私は彼女にツカツカと近づいて「次の電車に乗ればいいのです。あるいは自分で左側通行をするように注意すればいいのです。あなたのような人が駅を騒音だらけ、放送だらけにするのですよ」とはっきり言ってやった。駅員はポカンとして無言のまま。彼女は「ああそうですか」と、そのままふてくされて立ち去った。

こうしたなかで、JR新橋駅横須賀線ホームに停車中ひっきりなしに「足もとにご注意ください」というテープ音が入ることに気づき抗議したさいの、助役Tさんとの「対話」はとりわけ興味ぶかいものである。

——新橋駅は夜遅くなると酔っぱらいが多くて、毎月何十人もホームから線路に転落したりしそうになったりの事故があるんです。でも、人が落ちそうになってもホームにいるだれも助けてはくれない。幸いこのところ大きい事故はありませんが、駅員が線路から引きあげても、礼を言う人はほとんどいません。みんな、助けた駅員をどなるだけですよ。また、ごく少数ですが、軽傷で病院に連れてゆくことがあります。そんなときは、駅側がすべてを負担し、かならず駅長が菓子折を下げて丁重に謝りにゆくのですが、駅長を責めるだけで、退院してからだってなんの連絡もないのですよ。

——はあー、そうですかー。

私は何かしら非常に無念で、ほとんど涙が出てきそうであった。だからといって「足もとにご注意ください」というエンドレステープをひっきりなしに流す方法をとってよいことにはならない。だが、どうすればいいのだろう。私はあえて正論を語った。

——でも、そこで負けてはならないんじゃないですか？　そういう人がいることもわかります。しかし、多くの人は酒に酔っても線路に落ちないのです。落ちた人には、むしろ酷になるかもしれないが、当人の不注意をきびしく問いただしていいのではないですか。そういう傲慢《ごうまん》な、怠惰な、無責任な人に「合わせる」ことが、結局は彼らの傲慢さ、怠惰さ、無責任さを助長することになるのですよ。まわりまわって、「放送されなかったから転落した」「言われなかったから忘れ物をした」「注意されなかったから、盗まれた」という馬鹿げた訴えをする人間のはびこる幼稚園国家にしてしまうのですよ。

Tさんはうなずいているだけである。私は——「客商売だから」いかに難しくとも——JRがわがままで、無責任で、怠惰で、鈍感なお客に対して毅然《きぜん》とした態度で応じる以外「解決」はないと思う。

エスカレーターの注意放送を例に、これまでの考察をまとめてみよう。

一、エスカレーターの注意放送が入っているところと入っていないところを合わせて、ここ数年事故はない。
二、エスカレーターの注意放送があっても事故は起こりうる。
三、この二つから、注意放送は必要ない。

しかし、こうした論理がまったく通じないのがわが祖国なのである。放送をする側の自己防御の姿勢とお客の側の責任をなすりつけようという姿勢とが見事に呼応しており、つまりここには両者の巧妙な共謀関係が成立しており、それを崩すことは至難の業である。

マジョリティは、エスカレーターを利用するたびに耳に侵入してくる膨大な注意放送がわずらわしくはない。だが、デパート側の注意怠慢や管理怠慢に対してはものすごい剣幕でつっかかるのだ。私はデパートにいるあいだなるべく「管理されたくない」と考えるが、ほとんどの利用者は正反対に「管理されたい」のであり「管理してくれること」をデパート側に期待する。ここにベクトルは正確に逆であり、この現実の前にフゥーと肩の力が抜けてゆく。

そして、万一たとえたいへんな苦労のすえにエスカレーターの放送を止めてもらっても、一度の事故によってたちまち復活してしまうであろう。ここで、私はほとんど絶望的になるのである。

テープ音がとどろく名所旧跡

わが国をすっぽりおおっている「機械音地獄」は、今やどう考えても病的段階に達している。いかに九九・九九パーセントのマジョリティがこれを許容しようとも、ほとんど実効のない内容をエンエンと聞かされ、しかも何十度となくそれをくりかえされても「なんともない」わが同胞の耳が、精神が健全だとはとうてい思えない。

機械音との壮絶な闘争記をここでさらに伝えることは控える（読者もたぶんもうソロソロ――機械音のしつこさにではなく――私のしつこさに嫌になってきたであろう）。そんなの関心もないことを、これでもかこれでもかと言われても不愉快なだけである。それはわかっている。最後にいくつか実例を挙げるので、ほんとうに「これでいい」と思われるかどうか、よく考えていただきたい。

福島に行き、駅前のホテルに泊まったのだが、うとうと目が覚めるとまだ七時前なのに、どこからか童謡のようなメロディーがひっきりなしに聞こえてくる。ホテルのすぐ傍の十字路に横断歩道があり、そのオルゴール音なのだ。ある方向が青になると、「とおりゃんせ」が、そして別の方向が青になると「故郷の空」が鳴る。つまり、四方向の信号が赤の短いときを除いて、かならずどちらかが青（ないし黄色）なのだから、ほぼたえまなく「とおりゃんせ、とおりゃんせ、ここはどこの細道じゃ……」「夕空晴れて秋風吹き、月影落ちて鈴虫鳴く……」「とおりゃんせ、とおりゃんせ、ここはどこの細道じゃ……」「夕空晴れて秋風吹き、月影落ちて鈴虫鳴く……」と交互に鳴りつづけるのである。真冬の午前七時前の地方都市のこと、ひとっこひとり通っていない。ガランとした街にはだれも通行人はおらず、「とおりゃんせ」と「故郷の空」は、アルミサッシをぴったり閉めた四階の部屋までも聞こえてくるのだ。

京都のお寺をはじめ、今やわが国の名所旧跡はテープ音の轟音《ごうおん》地帯に変わりつつある。私が実地に聞いたものだけでも、京都では等持院、仁和寺、大覚寺、永観堂、円通寺、それに二条城二の丸御殿。

なかでも、この二の丸御殿のスピーカー放送は「すごい」。四時少し前についたところ「二の丸御殿を参観される方は四時までにお入りください！」という日本語そして英語のスピーカー放送が数分に一度エンエンと御殿正面一帯いやお庭の中にまでとどろく。中に入るとそこもまたテープ音地獄。各部屋の前にテープによる説明の設備がある。最後まで聞かずに次の間に移る人が多く、テープはだれも聞いていない虚空に向けてエンエン回りつづける。こうして、いたるところから「このお部屋は……」「ここで将軍が……」「この奥には……」「ここが大政奉還の……」といったテープが鳴り響き、それらが交錯しあい、ガンガンうなっているのだ。私は逃げるように広い御殿を駆けぬけ、庭に出てみたら、庭にまで御殿内のテープ音は響いてくる。

そして、もどろうとしたときが五時前で、またよくなかった。「蛍の光」のメロディーが全城域に流れ、そのうえ「本日はご参観くださいましてありがとうございます。お忘れ物のないようお気をつけねがいます。……」というこれまたテープ音が城の外はるかにまでとどろくのだ。

同じ状況が金沢兼六園内の成巽閣《せいそんかく》。これも、テープ音の猛攻撃に逃げるように飛び出た。鳥取では朝の静かなときをねらって、観音院に行った。幸い私ひとりだけ。出されたお抹茶をすすりながら、冷え冷えとした広い室内から残雪も美しいお庭を眺めていると、たいへん幸福であった。そのとき、突如背後から「この観音院は……」という爆音。私が止めてくれるように頼んだのは言うまでもない。仙台の伊達政宗霊廟・瑞鳳殿では私ひとりであったが、そこに一歩足を踏み入れるや「ここ瑞鳳殿は……」というテープ音の攻撃に一瞬足がすくむ。上野の寛永寺は、さらにひどく、だれもいないときでも終日「寛永寺は……」というテープ音がカラカラと鳴り響いている。

宇治の万福寺には広い境内に数ヵ所テープ放送のボタンが設置してあり、案内図にはその位置を赤点で示してさえいる。これも日本語・英語と続き、一度ボタンを押すと最後まで（だれもいなくとも）喋《しゃべ》りつづける。広い境内はそれらの音が四方八方からワンワン交錯しあっている。「座禅中につき静粛に」という板の文字が薄汚れて見えた。

以上すべての事務所に問い合わせたところ、お寺くらい静かに鑑賞すればよさそうなものを、最近のお客はたとえひとりで来ても「放送はないのか！」とすぐに聞くのだそうである。そして、それに恥ずかしげもなく迎合しているのが、全国の名刹《めいさつ》なのである。JRの職員が語ってくれたのと同じ構図がここに見える。

真の加害者は「善良な市民」である！

昨年久しぶりに箱根の紅葉を観に行った。バスはうるさいからと思って、強羅から箱根登山鉄道に乗ってみたのがまちがいであった。ほとんどずっとテープによる説明の連続である。「箱根登山鉄道の沿革は……まもなく、日本一急カーブの場所を通ります……右手に見えますのが……」。箱根登山鉄道は、静かに周りの景色を鑑賞したい人のこと、あるいは二度目、三度目に来る人のことを考えているのだろうか。たとえ「考えた」としても「放送はないのか！」とどなりこむ客の前に屈伏してしまうのだろうが……。

私が声を大にして訴えたいこと、それはこうした「一律な放送」を要求する人々は、たぶんよきパパであり、素敵なママであり、優しいおじいちゃん、おばあちゃんであり、つまり絵に描いたような「善良な市民」だということである。悪徳政治家に怒り、自然破壊に心を痛め、いじめで自殺した中学生のニュースは「見るのも耐えられない」人々なのである。こうした人々が「放送はないの？」「放送があればねえ」とつぶやくのだ。彼らこそ「音漬け社会」の真の加害者なのであり、しかもこのことにまったく気づいていないのだ（このテーマは第4章で詳細にあつかう）。

お祭りは以前とても好きだったが、ドン・キホーテに変身してからはトンと行かなくなった。いたるところで、機械音、スピーカー音と戦わねばならないからである。三年前、近所の烏山神社のお祭りのさいに、もう行くまいと決意した。おみこしのワッショイ、ワッショイという威勢のいい掛け声は大好きなのだが、その日ふと千歳烏山の駅を降りると、次のように叫びつづける大音響のスピーカー音が聞こえてきた。おみこしの音などかき消されてしまうほどの絶叫である。

みなさん、まもなくおみこしがきまーす！　あぶないですよ！　あぶないですよ！　よけてください！　自転車に乗っている方は降りてください！　まもなくおみこしがきまーす！……

見ると、烏山商店会広報車の中からこの「音」は放出されている。マイクをもった大男に抗議すると、のっそり出てきて「放送しなければ、あぶないでしょうが」と言い、そしてあてつけのように次のようにガナリたてた。

今、この放送はうるさいという声がありましたが、私たちは一人でも事故があってはならないと必死の思いで呼びかけているのです！　おわかりいただけると思います！　ああ、そこのおばあさん！　あぶないですよー！　そこのお兄ちゃん！　自転車から降りてください！　まもなくおみこしがきまーす。あぶないですよ！　よけてくださーい！……

そして、その大音響のすぐ近くで「善良な市民」たちがゆったり楽しげにおみこしの到着を待っているのであった。このときから、私はありとあらゆるお祭りには行かなくなったのである。

母が三年前に藤沢市民病院で脳腫瘍《のうしゅよう》の手術をした。一五時間にもおよぶ大手術であったが、その家族待合室は（私にとっては）拷問場にほかならなかった。そこには、「子犬のワルツ」や「エリーゼのために」といったポピュラーなピアノ曲がワンセット一〇曲くらい流れつづける。はじめは音を小さくして我慢していたが、二時間を過ぎたころから耐えられなくなり、病院内のさまざまなところに問い合わせたが、止めることはできないということである。私たちは手術中いつ何が起こるかわからないので、一刻《いっとき》もその部屋を空けることはできない。トイレにも順番で行くようにしていた。私は一五時間そこにいたのである！　そのあいだ、ずっと「子犬のワルツ」「エリーゼのために」……を聞かされたのである！　耳について仮眠もできない。藤沢市民病院は何百回同じ曲を聞かせれば満足するのか。私は両耳に手を当ててじっとソファに横になっていた。これが拷問でなくて何であろう。

3　轟音を浴びる人々の群れ

マイクをにぎり絶叫する人々との「対話」

みな知っていることであるが、街の騒音は「すさまじい」のひとことに尽きる。私は、必要な仕事がある場合を除き、新宿、渋谷、池袋などに降り立つのは避けている。それでも、駅構内は通過せざるをえないので、通過するとき自然に耳に入る「音」に関しては——虚しいとは知りながら——いくつか抗議したことがある。新宿駅東口の改札を出るとすぐに駅ビル「マイシティ」に連絡するエレベーターがあるが、そのエレベーター前で夏のバーゲンセールの大音響宣伝放送をしているので事務所まで行って抗議。南口の駅ビル「ミロード」の夏のバーゲンセールはもっとひどくて、文字どおりディスコの中そのもの、五〇センチメートル離れたらおたがいに話ができない。とどろく音楽を背景に、若い女性が数人マイクをにぎってガナりたてているので、まず彼女らに近づき「ウルサイ！」と一喝。「責任者を呼びなさい！　ここは駅ですよ！　あんた方、何考えているのですか！」。それから、責任者がなかなか来ないので、新宿警察署と新宿区役所環境課に電話し、実情を訴える。「調査し、場合によっては注意します」という気のない返事を受ける。責任者と三〇分にわたって議論し、その場で少々音を低くさせた。

新宿駅内でも、東口と西口を結ぶ通路で二ヵ所も毎日ビューカードの宣伝放送をしている。まず、いつものように、マイクをにぎる男に近づきその顔をめがけて「ウルサイ！」とどなる。一瞬何のことかとひるんだすきに、「ここは駅であり、公共の場所であるのに……」と喋りつづける。それからグリーンカウンターに訴え、音量を下げさせる約束をする。だが、そんな約束など守るわけはない。

次のとき、また見つけると「ウルサイ！」とどなる。


——グリーンカウンターのTさんが音量を下げるように約束したのに、何ですか！

——これでも下げたのですがね。

——とんでもない、私にはうるさい。私も運賃を払っているのに、新宿駅を通過するごとに拷問を受けるのです。ＪＲは何を考えているのか。私が通りすぎるまで、喋らないでください。

——わかりました。

——これから、あなたを見つけたら何度でもやめさせますよ。いいですね。私の姿が見えなくなるまで喋らないと約束しますか？

——わかりました。

対立をなるべく避けようとするこの国ならではのこと、強硬姿勢をとると――めんどうなのか――意外に受け入れてくれる。

だが、こんなことでひるむJR東日本ではない。数ヵ月後、同じ男がまた大音響でガナりたてているので、ツカツカと近づいて、また「ウルサイ！　やめなさい」とどなる。すると、今度はシンミリこんなことを言う。

――私もこの仕事をしなければ首になるのです。わかってください。

――いいえ、わかりません。私もいつ殺されるかわからないけれど、身を張って騒音に立ち向かっているのです。ここは戦いです。容赦はしません！

そして、もち歩いている騒音計を鞄《かばん》の中から取り出して「さあ、喋《しゃべ》ってみなさいよ。何デシベルか計ってみるから。結果を環境庁に報告しますから」と騒音計のマイクを向けると、喋らない。その日はそれで終わったが、次のときソッと後ろから行ってスピーカーのスイッチを消してしまった。だが、暗騒音《あんそうおん》の高い新宿駅構内のこと、マイクをにぎり酔いしれるように喋りつづける彼は気がつかない。

そこで「今、私はスイッチを消したのに、あなたは気がつかない。それほど鈍感なのだ！」と言って、その場を立ち去った。

「情」が移るとやりにくい

だが、こうした場合、困ったことは、数度同じ相手と戦っていると相手に「情」が移ってしまい、相手も私の顔を覚えてしまって、そこにヘンなコミュニケーションが成立してしまうことだ。銀行の支店長やお客さまサービス係員、ＪＲ東日本のグリーンカウンター係員にはなんの「情」も覚えないが、マイクをにぎりしめている男や女は、何度もぶつかってゆくうちにそんなに憎めなくなってしまう。会社とお客の板ばさみで「たいへんだろうなー」と同情し、たぶん向こうも「この男、なんでこんな割りの合わないことしてるんだろ」と感じているようなのだ。私の顔を見ると「あっ、中島さん！」と向こうから挨拶《あいさつ》してくるようになって、やりにくくなる。

最初に紹介した江ノ島海岸では、じつは私が管理事務所に行くと、あのおばさんが満面に笑みをたたえて「まあ、先生、お久しぶりねー。先生が来ないと退屈だわ」とか言って、冷たい麦茶を出してくれる。そして、その横で組合長のＨさんが「都《みやこ》はるみ」のガンガン響く閑散とした海岸を見ながら「今年はめっぽう不景気でね。音楽も勘弁してくださいよ」とヤンワリ言う。こうなると、もう突撃してゆく気力がなくなる。相手のほうがずっとうわ手なのである。このドン・キホーテはやはり日本人なのであり、賢い同胞たちは私の気力を殺《そ》ぐ方法を熟知している。北風ではなく太陽になって私の武装をジワジワと解除させ、実益を取るのである。

東京駅構内では、京葉線へ向から通路でメガフォンを通して「ディズニーランドの券をお買い求めの方は……」と絶叫している駅員と数度の抗議を通じて馴《な》れ親しんでしまった。ある日も絶叫している彼をにらみながら通過しようとすると「あっ、中島さん！」と向こうから呼びかけてくる。そこで、私もこの機会に「メガフォンを使わなくとも、券の売れゆきは変わらないんじゃないですか？　ちょっと実験してみてくださいよ」と提案。親切な彼は、はじめの一分メガフォンを使い、次の一分使わない実験をしてくれた。「ほうら、変わらないでしょう」と言うと、「いや、メガフォンで呼びかけると後ろの人が振り返って買いましたよ」と言う。こうした親密な雰囲気のもとでは「ああー、やりにくい！」と叫びたくなる。

調布駅前のヴィギという美容室は朝の九時から夜七時まで、それもバスの停留所の真ん前で「パーマ〇〇〇〇円、シャンプー〇〇〇〇円、カット〇〇〇〇円」というエンドレステープを回しつづけている。その前でおばさんがビラを配っている。数度本社にまで抗議して音量を少々小さくしてもらったが、まだ納得できない。そこで、そこを通るときはスピーカーのスイッチを消してしまう。しかし、ビラを配るおばさんはやはり気がつかないので「消しましたよ」と告げる。そんなことが数度続いたあと、おばさんは私が目の前でスイッチを消すのを見ると「ご苦労さまです」と微笑みながら丁寧におじぎするようになった。もっともそのあとは、すごみのある風貌《ふうぼう》のお兄さんに代わったので、そこを迂回《うかい》することにしているが……。

戦果報告——その一、千歳烏山・仙川・調布など

そのほか、私が闘争した相手はかぎりがない。私は自分で直接聞いた「音」に向かって苦情を言うという原則を守っている。「私が」不快なのであり、社会を改革しようなどという——だれも望んでいない——企てはとうに諦《あきら》めているのだ。したがって、私の家の周りや最寄りの駅（仙川）付近および勤務先（調布）の近くはかなり静かになった。「戦果」をざっと書き記してみると、隣の千歳烏山商店街にはかつてたえまなく商店会、消防署、警察署などからの注意、宣伝、挨拶のスピーカー放送が入っていたが、今年二月の世田谷区長との懇談会に出席、長々と手紙を添えて直訴したところ、三月からピタリとなくなった。仙川アヴェニューという画廊が集まる地域のすぐ横のブティックではスピーカー音を外に向けて流していたが、「場所を考えなさい」と言ってやめさせた。仙川駅前の薬屋の外に向けてのスピーカー音が大きいと再三にわたって抗議、音量は格段に小さくなった。仙川商店街にある西友の店内ではかつて五、六個のスピーカーから「いらっしゃいませ、いらっしゃいませ……」と猛烈な音が放出されていたが、抗議した結果なくなった。そば屋の隣のブティックにも、外へ向けての拡声器からの音が「そば屋の店内まで聞こえてくる」と苦情を言いやめてもらった。

調布駅構内の精算機から発する「ありがとうございます。自動改札をご利用くださいというテープの音量を絞らせた。S書店という大型書店内の宣伝放送をやめてもらい、その入口のマクドナルドに向かうエスカレーターの注意放送も極小まで落とさせた。

だが、調布にはまだ決着のつかない戦いがいくつか残っている。その最たるものは、駅前のパルコとの死闘。駅前ロータリーに面してそびえる巨大なビルが調布パルコであるが、そのノラリクラリとした態度は――JR東海や住友銀行と並んで――特筆すべきである。バス停のすぐ近くの入口で「セゾンカード」の宣伝をけたたましくしている。音楽を最大ヴォリュームにしテレビをつけ、そのうえ女性がキンキン声でマイクにしがみついている、という公式どおりの暴力である。それを私はこれまで二年にわたって四度やめてくれるように訴えた。だが、そのつど「やめます」、あるいは「音量を落とします」という回答を寄こしながら、まったく変わらないのだ。

店内も、ゲームセンターそのままのような大喧騒《けんそう》空間である。とくに「呼び出し」の轟音《ごうおん》には耐えられず、これは九〇デシベルから八〇デシベルに落としたと言うが、もしそうならパルコが示した唯一の誠意ある回答である。若者用洋品店、レコード屋、楽器店が並ぶ四階は、文字どおり狂気としか言いようのない音地獄。なかでも山野楽器店内は、十数カ所からスピーカーが炸裂《さくれつ》し約九〇デシベルの轟音地帯。音を売りながら音に対する配慮はゼロである。これも何度パルコに訴えても「音量を下げます」と言うだけで、いっこうに変わらない。

先日はあまりの轟音に、叫びたくなり副支店長をつかまえて「何考えてる！」と大声でどなったら、みんなが振り向いたので「これくらいの声を出さねば会話できませんよ」と付け加えた。ついに、山野楽器本店にも抗議したが、どうなることか。

電気通信大学の隣にある布多天神に通ずる天神通りに面するCDショップも、店外に向けたスピーカーから大音響を発しているので、抗議。これは一時小さくなったが、またもとにもどった。

戦果報告――その二、渋谷・新宿・高尾山・鎌倉など

あとは、私が通るところにたまたま轟音地帯がある場合は――そのときの気分で――抗議し、たまに成果がある。たとえば、京王線八幡山駅と明大前駅に新設されたエスカレーターの注意放送をやめさせた。

それにしても、渋谷駅構内にある写真屋兼CDショップ「東急ジャンボ」との戦いは壮絶であった。駅構内をものとも思わず、ディスコの中のような轟音を四方にばらまいている非常識に驚きあきれ、本社に強い抗議の電話をした。責任者が来るまでのあいだ、その非常識ぶりを「わからせねば」と思い、私は携帯していたカセットデッキの音量を最大にしてオペラ（リゴレット）を店内でかけたが、だれも気がつかない。

そんなとき、営業部長のDさんが到着。「われわれは、生きるか死ぬかの世界なのだ。売り上げが下がれば、すぐに路頭に迷うのだ」というようなことを力説するので「音を下げたことにより売り上げが減じたことを証明してくれれば、私がその損失分を払いましょう」といつものように提案。だが「そんなことは駄目だ」とさえぎって、そのあとの言葉がおもしろい。

——私はこのあたりでは顔ですよ。私は、ここで今あなたの名前を叫ぶこともできるのですよ。
——ああ、叫んでください。ちっともかまいませんよ。中島義道、昭和二一年七月九日生まれ。

一時はつかみ合いにならんばかりであったが、やがて二人とも平静を取りもどし、非常勤先の慶應大学教務課には「ただ今、不測の事件にひっかかり、休講にします。生命の危険はありませんのでご心配なく」と連絡した。その後Dさんとエンエン一時間立ったまま議論したが、次にそこを通ったときは、格段に音が下げられていた。

小田急電鉄では休日など駅構内でロマンスカードを販売していることがある。メガフォンやマイクを通してのときは、かならず本人に「やめなさい」と言ってから駅長室に飛び込む。これまで、片瀬江ノ島、成城学園前、下北沢で見かけ、すべてやめさせることができた。

高尾山のリフトには、ところどころに設置したスピーカーから「高尾山は海抜……落とし物をした人は……タバコはご遠慮ください……」とさまざまな放送が放出され、そのうえ正月には「六段《ろくだん》」が大音響で流されていた。スピーカーの音は開かれた空間に放出されるのだから、登山中の人の耳にも入ってきてまさに公害である。昨年正月に強く抗議し、あまり期待もせずに今年の正月に一年ぶりで行ってみたら、すべて完全になくなっていた。

（私が講師になったり生徒になったりする朝日カルチャーセンターがある）新宿住友ビル内のエスカレーターの注意放送を完全にやめさせ、鎌倉駅前ロータリーと小町通りの角にあるファーストフード店「ラヴ」の外に向けてのスピーカーを廃止させた。

戦果報告——その三、帝京技術科学大学・八幡宿・千葉など

前に勤務していた帝京技術科学大学内およびその付近でも「戦果」は数々ある。帝京技術科学大学内のチャイムのヴォリュームを半減させ、大学内にある木更津信用金庫の自動出納機から出る「ご利用ありがとうございます」という悪質な機械音と午後三時に鳴る「蛍の光」のメロディーを廃止させた。八幡宿駅前に短期間一室を借りていたことがあったが、朝七時に近くのスピーカーからチャイムの轟音が鳴り響きたたき起こされるので、数度の交渉のすえやめさせた。八幡宿駅前のロータリーで、Jリーグマーチとともに「さわやかタクシー運動をしております……」という馬鹿げた——今もってその趣旨がよくわからない——エンドレステープがガンガン鳴っているのを耳にし、主催者の市原市商工会議所に抗議し、ただちにやめさせた。八幡宿駅から二つ目の蘇我《そが》駅ホームに流れていたBGMを完全に廃止させた。

千葉駅にはいくたびも戦いを挑んだ。ある日、あの発車ベルをやめたというほどの千

葉駅に次の放送がたえまなく流れているのに気づいた。

千葉駅をご利用いただきまして、ありがとうございます。当駅では一六時から二〇時まで禁煙タイムを実施しております。ホームや階段、連絡通路でのおタバコはご遠慮ください。また、当駅の階段、通路は左側通行となっております。左側通行にご協力をおねがいいたします。

千葉駅にもなじみの助役Oさんがいて、それまで何度も抗議していたが、今回もさっそく抗議。翌朝Oさんから電話があって、放送の間隔をやや空けて一分に一度にしたことを伝えられる。そこで、さらに反論。

——発車ベルよりはるかにすさまじい音じゃないですか。あの爆音を流しているのだったら、千葉駅は発車ベルをやめるなどという欺瞞《ぎまん》的なことをせずに、復活しなさいよ。それに「左側通行せよ」などという馬鹿げた放送はやめてください。だれも守っていませんよ。本当に左側通行させたかったら綱でも張って強引にやりなさい。

その結果、左側通行の放送はなくなり、禁煙放送は三分に一度の間隔でなされることになった。だが、別の日、千葉駅構内で列車が着くたびにメガフォンで「お乗り越しの方はここで精算してください！」とガナりたてているのに気づいた。またOさんに抗議。これはスンナリとやめてもらった。

じつは優にこの一〇倍は戦果があり、たった一人の戦闘員としてはぶんどり品は多いようであるが、ご推察どおりまさに「焼け石に水」どころか「溶鉱炉に目薬の一滴」。銀行やJRをはじめ、訴えても訴えても駄目なこと――すなわち戦闘に敗れたこと――は、この数十倍、いや百倍ほどあるかもしれない。そんなとき、私は――敵が権力をもっていればいるほど――自分でも嫌になるほどはげしい口調になる。

――あなたは、真剣に考えようとせず、適当に逃げているだけだ。鈍感で不誠実です。なんで、無能なあなたがここに勤めているのですか！

私がこう言うと、グリーンカウンターの若い係員などガタガタ指を震わせる。電話の場合、泣きそうな声で哀願する。

――大学の先生がそんな無礼なこと言っていいのですか！

――ええ、いいのです。あなたはプロとして客に対してきわめて無礼なのですからそしてそのうえ無能なのですから、そう言ってもいいのです。何度でも言いましょう。あなたは鈍感で不誠実で無能です。

慇懃《いんぎん》無礼な銀行の応対

それにしても、銀行の「お客さま相談係」ほど慇懃無礼な応対はない。住友銀行の顧客サービス係Hさんとの電話による「対話」から。


——私の意見はいつどのようなかたちで回答いただけるのでしょうか？

——社内でお客さまの声として反映させてゆきます。

——そんな紋切型の答えを求めているのではない。私の要求が通らない場合は、その理由が知りたいのです。

——それはお答えできません。

——私は必死に訴えているのですよ！　できない場合はなぜできないのか、答えてくれてあたりまえでしょう！　それが「対話」でしょうが。

——……。

——住友銀行は何のために「顧客サービス係」を設けているのですか？

——ですから、さきほども申しあげましたように、お客さまの声を反映してゆこうという趣旨です。

——あーあ。あなた、いつもそんなかたちだけの誠意のない答えをして、自分が嫌になりませんか？

——言葉をそのようにいいかげんに使うあなたは、人格が腐っているのです！

——……。

——電話を切らせていただきます。ガチャ。

今さら言うのも気がひけるが、銀行の店内はテープ音のオンパレードであり、われわれが店内にいるあいだじゅう、数台の自動出納機から天井から窓口から、とどまることを知らない甲高い人工音の絨毯《じゅうたん》爆撃地帯である。

……いらっしゃいませ。毎度ありがとうございます。カードをお入れください。現金およびカードの取り忘れにご注意ください。ありがとうございました。いらっしゃいませ。毎度ありがとうございます。お待たせしました。〇〇番の番号札をおもちのお客さま〇番窓口にお越しください。いらっしゃいませ。毎度ありがとうございます。カードをお入れください。現金およびカードの取り忘れにご注意ください。いらっしゃいませ。利回りのよい〇〇をどうぞ。毎度ありがとうございます。〇〇番の番号札をおもちのお客さま〇番窓口にお越しください。いらっしゃいませ。……毎度ありがとうございます。ありがとうございました。カードをお入れください。……

銀行マンたちは、客に対するサービスを何と考えているのだろうか。自動出納機から発する「音」は、銀行強盗にでも熊にでもそこに立てば「いらっしゃいませ。毎度ありがとうございます」と挨拶《あいさつ》するわけであるから、いかに客を人間として尊重していないか、物体としてしか見ていないか、わかろうというものである。

私の印象では、銀行との交渉が最も労多くして実は少ない。私はほとんどあらゆる大手銀行の支店長や支店次長と議論したが、その虚《むな》しさはかぎりがない。ワイシャツ姿のときは上着をわざわざはおり、お茶まで出させて「先生のおっしゃることはよくわかります」と柔和に応対するが、こうした職業的慇懃さとはうらはらに、まったくそれをやめる意志のないこと、いやこんなことはどうでもいいのだということを身体《からだ》全体で示している。

ある銀行の案内係の老人がソッと私に耳打ちしてくれた。

――じつは、お客さまの要望はあの大学ノートに書いてもらっており、一年間に数冊にもなるのですが、支店長はそれを読みもせずに年度末にはみな捨ててしまうのです。

実際はそうではないのかもしれないが、「そうらしいなあ」と思わせるのが銀行の幹部の対応である。事実これまで、三和銀行、富士銀行、第一勧業銀行、あさひ銀行、さくら銀行、三菱《みつびし》銀行、住友銀行、千葉銀行、横浜銀行などの最寄りの支店およびそれぞれの「お客さま相談係」に交渉したが、成果のあったのは次の三つだけである。

一、私の家近くの三和銀行烏山支店とは長いつきあいであり、三代の支店長と五年にわたる交渉のすえ、全国すべての自動出納機の音量を八〇デシベルから七〇デシベルに下げさせた（しかし、最近八〇デシベルにもどった気がしないこともない）。

二、両親の住居の近くにあるあさひ銀行西鎌倉出張所では、その狭い五メートル四方ほどの待合室にお客が一人のときでも「〇〇番の番号札をおもちのお客さま〇番窓口にお越しください」という馬鹿げた放送が流れるので、「混雑しているときはいざ知らず、一人のお客に対してもテープ音を流すというのが無神経なのですよ。窓口の女性がちょっと声をかければ聞こえるじゃないですか」と支店長に抗議したところ、次に行ったときはなくなっていた（だが、親から聞いたところによると、二年後に復活したそうだ）。

三、大船の第一勧業銀行。かなりの音量で振込の手続きすべてをテープ音で告げるので、支店長に「すぐ隣の人にも聞こえて不合理ですよ。ずっと音を小さくできるでしょう」と言ったのであるが、次に訪れるとこの放送は完全になくなっていた。その後たぶん復活したのであろうが、――結果を知るのが多少怖くて――まだ確認していない。

日本人は「走音性動物」？

おおかたの現代日本人は機械音を日々全身に浴びても「なんとも感じない」のではない。むしろ、——走光性の虫が光に吸い寄せられるように——機械音による轟音《ごうおん》に積極的に引き寄せられているのだ。

カメラのドイやさくらや、神田駿河台下近くのオーディオ製品店、スキー用品店、あるいはイトーヨーカドーの食品売り場、CDショップ、あらゆるバーゲンセールの店内は自然な会話ができないほどの大音響地帯である。轟音に耐えかねて、人々が「うるさい」といって寄りつかないのだったら、いかなる商店もこんなことはしないであろう。確実にお客が集まるからこそ、けたたましい音を発しているのである。

とくに、若者向けのあらゆる店は、ディスコやゲームセンターのような喧騒《けんそう》音地帯となっている。ファーストフード店も、喫茶店も、飲み屋も、音、音、音の氾濫《はんらん》。そして、最近は渋谷、新宿、六本木、新橋などの街角に大型スクリーンが設置され、そこからほかのあらゆる喧騒を超えて炸裂《さくれつ》する音が発射されている。

人々は轟音を浴びながら散歩したいのであり、轟音を浴びながら買い物したいのであり、轟音を浴びながら食事したいのであり、轟音を浴びながら休息したいのだ。残念ながら、そう思わざるをえない。

三年ほど前の五月の連休に、息子を連れて高尾山から相模湖に下るコースをハイキングした。相模湖が見えてきたところから、なにやら放送が聞こえてくる。近づくと、まず釣り舟の店があり、大きな音で演歌をかけている。湖に沿って進むと、今度は「遊覧船フリッパー号がまもなく出発します……」というハンドマイクの音がする。

さらに数メートル行くと、そこは綺麗《きれい》に整備された湖沿いの公園で、噴水の飛沫《しぶき》もすがすがしいところだが、しばらくするとさきほどのテープ音やマイク音をはるかにしのぐ大音響地帯に突入した。例の遊覧船の発着場で、ひっきりなしのテープ音に加えて、マイク片手の男たちが三人、天にも届く（少なくとも高尾山の中腹までは届く）大音声《だいおんじょう》で「さあ、ご利用ください！　まだ間に合いますよ！　いらっしゃい！　いらっしゃい！」と魚市を機械音で再現したような音をたてているのだ。時折「〇番の卓球台が空きました！　ご利用の方はお急ぎください！」という放送も入る。

そして……、この大音響地帯を人々がにこやかに散策しているのである。不思議な光景だ。私はほかの天体の奇妙な光景を見る気分で、しばらく観察していたが、ふと好奇心にかられて、近くに座って弁当を食べていた八、九人の大学生らしき若者の群れに「君たち、あの音うるさくない？」と聞いてみた。「えっ？」。なかの一人の少女が、私の顔を見あげる。私は彼女のすぐそば（三メートル）にいたのだが、声は届かない。そこで、マイクの方向を指し示し「あーのーおーとーうーるーさーくーなーいー？」と声を張りあげると、はっとした顔で考える風をして――私の印象を付け加えると、はじめて音に気づいた風で――「うるさいです」と言って仲間とクスッと笑った。

彼らだけではない。そのテープ音とマイク音の入り乱れた轟音地帯の脇に広がるコンクリートの岸辺では、いく組ものカップルが肩を寄せあって湖を眺めているのであった。

時間は少しさかのぼって、同じ年の桜のシーズンのこと。仙台で研究会があり、その帰りに有名な船岡の桜を観ようと東北本線の大河原駅で降り、白石川の堤防に近づくと、ものすごい音楽が聞こえてきた。河川敷に大型スピーカー数台を設置し、けたたましいロック音楽を流しているのだ。そして、満開の桜はそこから何キロメートルも川岸に沿って霞《かすみ》の中に溶けるように続いているのに、多くの親子連れや恋人たち、友人たち、職場のグループは、その大音響に吸い寄せられるように、スピーカーの近くに陣取って弁当を開いている。私はしばし無言のまま、この奇妙な光景を眺めていた。

そういえば、二年前桜のシーズンに吉野山に行ったが、ロープウェイの入口では「さくら、さくら、やよいの空は……」という悪質轟音スピーカーがガナリたてていた。

一〇年ぶりに大学祭に行ってみた。わが電通大と東大の駒場祭に行ったのだが、心の底から驚いた。この場合「たまげた」という言葉のほうが的確かもしれない。イベント会場（野外）はもう「音」などというなまやさしいものではない。爆音であり、炸裂音であり、マイクをにぎった絶叫であり、地獄絵さながら。とくにひどいのが駒場祭であり、正門を入るとたちまちロック音楽の大音響地帯に入り、そうしたイベント会場がいたるところに設置されていて、広い構内の三分の一は自然な会話ができないほどの音炸裂地帯。そこを、やはりみなニコニコ顔で通りすぎるのであった。

私はもちろん駒場祭実行委員会に抗議したが、なにやら意味のわからぬ返事を受けただけ。あたりまえのことであるが、こうした「音不感症」は学歴や偏差値にはいっさい関係がないことを再確認。それにしても、昔はこうではなかった。

大学祭だけではない。あらゆるイベント会場の「音」はあきれはてるほかない。息子が小さいときは後楽園ゆうえんちの「ウルトラマンショー」などに連れていったが、舞台上の大音響はともかく、マイクをにぎりしめ声をからして叫びつづけるナレーターの野蛮さにはうんざりする。子どもたちはこのころから耳を聾《ろう》する音を脳天にたたき込まれるのだ。当時はまだドン・キホーテに変身していなかったので、抗議しなかったが……。

四年前の夏、新高輪プリンスホテルでの恐竜展も「すごかった」。恐竜の声を科学的に再現した会場に「ウォー、ズズズ、グアー、ブー……」という恐竜の大音響がとどろくのはまあ仕方ないとして、その会場の前で、マイクをにぎりしめた女性が「こちらを曲がりますと恐竜展の会場でございます。おまちがいのないように、おねがいします。こちらを曲がりますと……」と、恐竜の声とまがうほどの大声で絶叫しているのである。

そのときはくたびれていたので、例外的に何も言わなかった。

昨年、知人の個展に行った帰り「大銀座祭」にぶつかってしまい、シマッタと思ったがあとの祭り。横道ならいいだろうと入ったところがまちがいで、ある屋台で若い女性がマイクを口に当て「いらっしゃいませ……」とカン高い声で叫んでいる。目の前で「ウルサイ！　やめなさい！」とどなったところ、やめた。

選挙期間中のスピーカー地獄

ご推察どおり、選挙の季節は日本を脱出したくなる。評判のよくない連呼ばかりではない。ありとあらゆる駅前では暴力的な音を炸裂させる政見放送。空からはセスナ機で「きょうは……統一……地方選挙の……投票日です……みんな……いっしょに……投票しましょう」と爆音を放出する。私は連日選挙カーにぶつからないように祈りつつ街を歩くが、運悪くぶつかったときの不快感はたとえようもなく大きい。窓から首を出し手を振りながら「おねがいしまーす。お勤めごくろうさまでーす」と叫ぶニコニコ顔の傲《ごう》慢《まん》さがやりきれないのだ。さすがに走る車を追いかけてまで抗議はせず、ひたすらジッとにらむことにしているが、信号や渋滞などで停車しているときはかならず言ってやる。

――ウルサイ！　ヤカマシイ！　やめなさい！　音の暴力だ。聞きたくない者の人権をどう考えるのか！

しかし、ほとんどが無視。あるときなど、停車中には窓に顔を近づけて抗議する私に何も答えずにいて、信号が変わるや「ご意見ありがとうございましたー」と叫びながら去っていった。これが、その選挙事務所の方針なのだろう。

鈴木弘子都議会議員候補は「環境、環境を考えているスズキ・ヒロコ、環境問題のスズキ・ヒロコ……」とガナりたてるものだから、ちょっと車が速度をゆるめたスキに近づき、窓から顔を出した「環境の鈴木弘子」に「音も環境ですよ！　これだけ音環境を破壊して、あなた自分が言ってることが恥ずかしくないのか！　矛盾だとは思わないのですか！」とどなると「よく考えておきまーす」と言って走り去った。

ある日、どうしても渋谷の街に用事があり、井の頭線の階段を降りたところ、ハチ公前広場では馬鹿な上田哲が環境も人権も無視した暴力的大音響政見放送のまっ最中であった。なにしろ四方八方五〇メートルは届くしわがれ声――声もしわがれるであろうよ――の大爆音放送なのだ。翌日上田哲選挙事務所に上田哲には投票しないことも含めて抗議した。幸い鈴木弘子も上田哲もみごと落選。その結果を知ったときは、たいへん幸せであった。

音無策都市・小樽と函館

日本中どこに旅行しても「音漬け社会」との格闘は続く。いや、旅行の半分はそのために――つまり市役所環境課や商工会議所への抗議に――ついやされる。今年の冬は函館、小樽、帯広という北海道コースと京都、鳥取という山陰コースという二つの旅行を企てた。いずれも「クルマ社会を問いなおす会」の会長はじめ有力メンバーとの議論という名目であったが、いずれもあきれはてるほどの「音無策都市」であり、日々抗議抗議の連続であった。

京都のヒドサはくりかえさないが、いずれの都市の繁華街もいたるところスピーカーだらけ、雪の降り積もる小樽では旧日本銀行の瀟洒《しょうしゃ》な建築のすぐ横の電柱にもスピーカーが設置され「○○○のカマボコはいかがですかーあ、ジャンジャンジャン……」とひっきりなしの商店街の宣伝が音楽とともに入る。そうした悪質で下品な宣伝放送が小樽の中心街すべてをおおっているのである。

それに加えて、観光地の「音」に対する配慮も足りない。小樽市博物館ではテレビがズデンと真ん中に据えてあって全館に響きわたる音を放出しているので、さっそく館長を呼んで抗議。その隣の小樽工芸館の入口には「アマリリス」のオルゴール音が始終鳴っているので、それも抗議、ヴェネチア館では館内に大きな音でイタリアオペラが流れているので、「絶叫するオペラより静かなマンドリンの調べのほうがずっと雰囲気に合っている」と「意見書」に書いて係員に手渡し、最後に市役所環境デザイン課に行って、だれからも要求されていない「視察結果」を逐一報告し、約一時間議論した。

函館はもっとひどい、というより「すごい」。駅を中心に繁華街を形成する長い市電通りにはおよそ一〇メートルごとにスピーカーが据えられ、朝から晩までガンガン民謡やら宣伝やらが鳴り響いている。駅前のホテルから夜七時半ごろ、零下五度の函館の街に降り立ったとたん「○○○のメガネをどうぞーっ……ラッラッラッラッ、○○○のお菓子はうまいよーっ……」という「音」が、ほとんど人の通らない北国の街に放出されているのである。私はほとんど吐き気を覚え、その足でホテルに引き返し、支配人に「函館にははじめて来ましたが、あまりに下品で野蛮な街なので驚きました」とさきの「音」について感想を伝えた。はじめ身構えていた支配人も私の「思想」がわかると、商工会議所と市役所環境課の場所を丁寧に教えてくれたのは地獄に仏。

翌日さっそくおもむいた商工会議所にはだれもいなくて、手紙を置いてきただけであるが、市役所環境課で何をしたかは、これまでの私の「ものの言い方」で読者もだいたい予想がつくことであろうから割愛する。とにかく、本人の目の前で「あなた、環境課の課長などやめなさい！」と何度もどなったことはたしかである。

じつは私にとって、今や日本中どこに行くのも拷問のようなものである。そして、どうせ拷問なら、その拷問のあいだに何か手応《てごた》えのあるものがほしいというイヤシイ気持ちから、あえてこうして実力で「風車」にぶつかって行くのである。

新幹線の中では、東京から京都までのあいだに一〇回も「物売り」が来て、もはや耐えられず今通ったばかりの女性係員を追いかけデッキで「もう一〇回もですよ。うるさくて眠られない。やめてください」と言うと「はい」ということだったが、五分するとまた別の女性が涼しい顔をしてやって来た。そのうえ、「お呼び出し」が一二回！

テレビという名の拷問器具

新幹線はもうやめた、と最近は飛行機に切りかえたが、それがまた拷問である。いくつもあるが、ここではテレビという名の拷問器具を挙げておこう。帯広でも鳥取でも小さな飛行場に一〇台近くテレビが置いてある。入るとすぐテレビ、少し進むとテレビ、土産物売り場のすぐ横にもテレビ、二階に上がり待合室にもテレビ、そしてチェックインしたあとの狭い待合室には三台もテレビが置いてある。そこは密閉された空間であるから、トイレ以外には逃げるところがないのだ。帰ってから日本エアシステムと全日空それに帯広空港と鳥取空港に抗議したが、改善の見通しは暗い。

新幹線の狭い待合室にもテレビが二台もある。病院の待合室にもテレビ、そば屋にも床屋にもサウナにもテレビ……。つまり、日本人がくつろぐところにはすべてテレビという名の拷問器具が置いてあるのだ。この国では、テレビを見たくない人はいちゃいけないのだろうか？

余談であるが、私はたまたま客が自分ひとりのとき、テレビを消してもらうように要求することがある。だいたいよい顔をしない。自分たちが見ているからでもあるが、だれも見ていないときですら「はい」と機嫌よく消してくれはしない。あるラーメン屋では、力まかせにスイッチを切ったあと、主人はなかに引っ込んでしまった。

場合によっては、「ほかのお客が入ってきて、見たいと言えばまたつけていいですよ」と合理的な提案をするのだが、これがますますいけない。お客はこのような「提案」をしてはいけない、という不文律があるようだ。ある日そば屋で、お客が私ひとりのとき、そばができるまでのあいだ私にリモートコントロールをさしだして「どうぞ」というものだから、ついていたテレビを消してしまった。不機嫌そうに主人がなかから出てきて、またテレビをつける。そこで、私は「なぜ消しちゃいけないのですか？」と正面から聞いてみた。

結果として、大喧嘩《おおげんか》して出てきたのであるが、このときの主人との「対話」はきわめて微妙な日本人の心のひだがわかるもので、なかなかの成果であった。今まで好きな料理番組を見ていた。だが、お客が入ってきたから、お客にチャンネルを変えてもいいという意味でリモコンを渡した。すると切ってしまったのでまたつけた、という筋が見えてきた。つまり、私がほかの番組を見るなら自分たちは料理番組を見なくとも我慢できるが、私が何も見ないなら料理番組を見るというロジックである。

この微妙さはわからないこともない。だが、やはりおかしいと思ったので「私はお客ですよ。お客のためにテレビを設置したのならお客に合わせるのが筋でしょうが」と叫んでも、もはや私のそうしたきわめてヘンな態度に気分を害して、断じて聞き入れてはくれなかった。

マイノリティを押しつぶす構造

日本中に氾濫《はんらん》する轟音《ごうおん》に苦痛を感じない大多数の人々は幸せである。しかし、苦痛を感じる少数の人々は、三重に苦痛を感じなければならない。まず、第一に音そのものによる苦痛だが、第二にさらに大きな苦痛として、大多数が苦痛を感じないときに苦痛だと訴えることそのことが、不愉快だとして排除されてゆくことによる苦痛である。そして、第三に、苦痛を訴えることによって――すでに述べたように――なんらかの仕方で自分が他人を傷つけざるをえないことによる苦痛である。

ここでは二番目の排除の構造をさらに立ち入って見てみよう。

相模湖周辺を騒音で塗りつぶすハンドマイクの音も、遊覧船の発着を知らせるテープ音も、お花見のロック音楽も、明確な目的をもって「よかれ」と思って意図的に出している音である。この場合、マジョリティはその音を歓迎している。少なくともそれが不快ではない。遊覧船の会社も、お花見の主催者も「みんなのためを思って」音を発しており、それにマジョリティが賛同している。

こうした構図の中で、ある個人Aが「それは不快だ」と訴えると、Aはただ別の感性をもった者として認知されるのではなく、不快だと訴える態度そのものが「わがまま」だとして押しつぶされるのである。

Aには（一）音を出す側の権力を背景にした正当性と（二）マジョリティによる承認という二重の壁がそびえている。商店街のスピーカー音は、商店会という権力を背景として正当性を獲得し、しかも、それに大多数の通行人が歓迎しているというマジョリティの論理によって支えられている。この場合、それに異をとなえる者は、内容のいかんを問わず、異をとなえることそれ自体が秩序を乱すこととして、すなわち「不正な」輩《やから》として断罪されるのである。

こうした構図は、マジョリティの次のような態度によっていっそう堅固なものに築きあげられる。Aが、商店街のBGM、学校のチャイム、駅の案内放送等々、公共空間におけるなんらかの権力を背景にした「音」に対して「うるさい」と抗議したとしよう。すると、今まで無関心であったマジョリティのB、C、D……は、――ほとんど無意識のうちに――Aの要求を必死の思いで押しつぶし、権力を有する「発音源」を擁護する。いや、「発音源」を励ましさえするのだ。

権力を擁護し既成事実を擁護するこうした力学を、――轟音ではないが――京都市バスが導入したBGMに関して見てみよう。

市バスのBGMには私もたいへん悩まされています。通勤先の大学にはバスで二〇分かかり、そのあいだ研究論文のサイズを考えたり、その日の講義の進め方について再吟味することも多いが、小さい音でもあの甘ったるい（好みでない）音楽が流れてくると、頭がバカになってしまう。（大学教員　男　三九歳　『京都新聞』一九九三年八月二九日）

私も音楽自体は大好きです。でも、自分で選んだものでない曲を強制的に聞かされる

ことは嫌なのです。(アルバイト　女　三五歳　『京都新聞』一九九三年九月八日)

こうした悲痛な叫び声に対して、マジョリティの口調は「優しく」自信と余裕にみちている。

最近、市バスに乗ってハッと心を動かされることがありました。通勤の帰途、疲れた体を市バスのシートに埋《うず》めて、ホッとひと息ついたときのことです。どこからともなく、心地よい音楽が流れてくるのに、ふと気づきました。殺伐とした市バスのはずですが、まるでホテルで聞くようなやさしい音楽がスピーカーから静かに流れているのです。(無職　男　六九歳　『京都新聞』一九九三年五月一日)

人それぞれに思うこと、感じることの違いもあることは当然でしょうが、「迷惑な騒音」とクレームをつけて中止の申し入れをしている人もあると知ってただびっくり。……不愉快どころか、耳を澄ませて聞き取ろうとしているのか、小さい孫も静かに乗っていました。まして、勤めにでかける人、疲れて帰宅の途に着く人の心の安らぎ、市の思いやりには感謝のほかありません。なぜこれが騒音なのか。なぜ迷惑なのか。……交通局もめげずにがんばってください。ポピュラー音楽もけっこうですが、だれでも知っているかわいい童謡もほしいものですね。(無職　男　七二歳　『京都新聞』

一九九三年七月二〇日）

不平分子を押しつぶそうとするマジョリティのゆったり余裕のある口調が印象的である。自分の感性が権力（京都市交通局）を擁護し、社会の向かうベクトルに沿っているという安心感、優越感がその意識の底に流れているということを見落としてはならない。いかに彼らが権力を背景に快活であり、一点の疑いもなくみずからを正しいとしているか。

彼らにとって、自分が不快であるからといってBGMの中止を求める者は、とんでもないエゴイストなのだ。そして、——これがたいへん重要なポイントであるが——自分たちがエゴイストだとはつゆ思っていない。権力とマジョリティに支えられて、自分たちはエゴイストによる被害者だと確信しているのである。

「おまえがいちばんうるさい！」

私の仲間（「拡声器騒音を考える会」のメンバー）から聞いた話だが、電車の中で「車内放送うるさいねー。どうにかならないものかなー」と三人でしきりに話していたら、じっと黙っていた隣の席の若い男が、降りるさいに「あんたたちのほうがよっぽどうるさい！」と吐きすてるように言ったという。

私も何度、家族、友人、知人から「あんた（おまえ・君・あなた）がいちばんうるさい！」と言われつづけてきたことか。いくたび「ひとに文句を言う前に、まず自分のことを考えてみろ」という目つきでにらまれてきたことか。すでに述べたことだが、この国の「善良な市民」は公的な権力の発する「音」にはきわめて寛容であるが、私人が発する「音」にはきわめて不寛容なのだ。それに加えて、「文句を言うこと」自体を嫌うという姿勢がある。

相手が私人（たとえば電車の中で騒ぐ子ども）であっても、文句を言う人は、自分自身非の打ちどころのない完璧《かんぺき》な行動をとっていなければならない。そんな神さまのようなことできるわけないから、子どもが騒ぐほどの「ささいな」ことで文句を言う人は、マジョリティのきびしい視線にさらされる。この国のマジョリティすなわち「善良な市民」は、「子どもが騒ぐのは仕方ないよ、ウチの子もずいぶん電車の中で騒いだけど、みんな我慢してくれたしねえー」と言う。つまり、たがいの落ち度を許容しあっている・のに、その麗しい空気をビリビリ破くように「うるさい！」と言う（私のような）者は、社会の敵でありエゴイストなのである。

彼らは「お呼び出し」が悪いとは夢にも思っていないであろう。「あっ、あの子傘もっていくの忘れたみたい。新宿駅で呼び出して渡してよ」「○子、なかなか来ないなあ、どうしたんだろう、呼び出ししてもらおうか」という程度の「軽い気持ち」で、そこにいる関係のない九九・九パーセントの人の耳に「私的な」放送を流し込むのである。「お呼び出し」はそこを流れているすべての音楽や放送に「打ち勝たねばならない」のできわめて音量が高い。とりわけ、成田空港はすさまじい。一分に五回くらいの割合であるから、ロビーに一時間いると、そのあいだ三〇〇回「お呼び出し」を聞かねばならない。

しかし、外国旅行に胸おどらせる「善良な市民」たちは、この数百回におよぶ機関銃爆撃さえ「なんともない」ようなのである。彼らは、他人に寛大な分だけ、他人にも寛大を求める。他人の甘えを認めてやる代わりに、自分の甘えも認めてもらうことを要求する。社会は「おたがいさま」なのであり「自分ひとりで生きているわけではない」のである。

すでに述べたが、ここでふたたび声を大にして私が訴えたいこと、それはこうした優しい、鈍感な「善良な市民」たちが、現代日本社会を騒音地獄にしているということであり、マイノリティを暴力的につぶしているということであり、しかもいっこうに自己反省することもなく、自己の正しさを確信して、エンエンとこの国で猛威を振るい、われわれ現代日本人から「言葉」を「思考」を奪い取っているということである。

彼らはみずからの暴力に気づかない。気づこうとしない。それが最も暴力的なことである。

個人の家の中にまで暴力的に侵入してくる「音」

轟音《ごうおん》は、情け容赦もなく各個人の家の中にまで侵入してくる。私はマンションの三階に住んでおり、私の住居は道路から二〇メートルは離れているが、アルミサッシの窓をピッタリ締め耳栓をしっかりして眠っていても、竿竹屋《さおだけや》、網戸屋、焼き芋屋のスピーカー音を防ぐことはできない。私は職業柄たいへん不規則な生活を営んでおり、つまり昼間に寝ていることも多いのであるが、こうしたスピーカーの轟音により、たたき起こされてしまう。

起きているときは、遠くから「タケヤーサオダケー……」という声がかすかに聞こえはじめたときから、イヤフォンでしばらく（一〇分〜一五分）「オペラ」を聞けばよいから、それでも救い道はあるが、眠っているときにずっと「オペラ」というわけにもいかないので、まったくもってお手あげである。昼間眠っていることが許されないのが、わが祖国なのだ。

パジャマの上にコートを引っかけて、飛び出し抗議したことは数かぎりなくあるが、相手側の「反応」はいくつかのタイプに分かれる。

一、**無視型**　窓をトントンたたいても無言のまま。しばらく思いのまま爆音をとどろかせたあとに、突然速度をあげて逃げてしまう。

二、**暴力的反抗型**　「なにおーっ！」と扉を開けて出てきて、「てめえ、もう一度言ってみろッ！」とすごんで見せる。そのまま殴りかかってくることはないが、「警察に届けますよ」とか「都条例違反です」とかウジウジ追及すると、「向こう行けよっ！」とどなり、そこで退散しないとほんとうにあぶなくなる。一度は本気で私を轢《ひ》こうと車で住宅地を五〇メートルも追いかけてきた。これは、街角を急カーブして逃げれば大丈夫だったが、「軽傷」ぐらいして新聞沙汰《ざた》にすればよかったとすら思っている。別のときは、竿竹（最近のは硬い合成樹脂でできている）を振りあげて突進してきたので、一目散に逃げた。直後に、成城警察署に一一〇番して、三人の警官に自宅に来てもらい、「あなた方がこの暴力に真剣に立ち向かってくれないから、きょうも殺されそうになったのですよ！」と三〇分間叱りつづけた。

三、**説教型**　いちばん手ごわい相手である。私の意見を全部聞いたうえで、穏やかに「そんなわがままなことでは集団生活をしてはいけないよ」とか「自分のことばかり考えてはだめですよ。ひとのことも考えなくっちゃあ」とかシミジミ言われる。それはこちらのセリフだと、あらためてスピーカーの暴力性を訴えても、もはや聞いてはいない。

四、**いやがらせ型**　抗議するとますますスピーカーの音量をあげるタイプ。焼き芋屋の「ホッカホッカだよーう、おいしいよーっ……」というスピーカー放送に対して、私では喧嘩《けんか》になるからと家内が「音を小さくしてください」と抗議すると、さらに大きな音にして、われわれの後ろからゆっくりついてきた。

五、**理解型**　じつは、これは意外に多い。若い運転手の場合が多く、私が抗議すると

「そうですか、もう来ません」という単純タイプから、「お宅の近くではスピーカーの音を下げます」という分別タイプ、「環境庁騒音公害の手引き」を見せると、「知りませんでした」とその場でじっくり読む学究タイプなどさまざまである。

六、**不誠実型**（竿竹で殴りかかってくるのは、じつはそれほど嫌でもないが）このタイプが私にとっていちばん嫌な相手である。住宅街を音楽を鳴らして「ヤマギシです――」と通過し、さらにその一角に陣取ってエンエン宣伝放送を続けるヤマギシとは、何度交渉したことか。販売している男女に抗議すると「そうですか、ではやめます」という回答。しかし次の日やはり放送を流している。そこでまたその人に言うと「本部に言ってください」ということで、本部に電話すると「申し訳ありません。さっそくやめさせます」。しばらくは静かであるが、また一カ月後に復活、また電話するとまた静かになり、しばらくするとまた復活……というイタチごっこが続く。

このほか、「なきべそ型」というのもあり、数年前に（幸い今や絶滅寸前の）廃品回収車に抗議すると、大きな太った若者が出てきて「なんでいけないのおー、なんでー」と今にも泣き出しそうになった。「カクカクの理由によりいけないのです」とはっきり言っても「なんでー」と続ける。これもなかなか手ごわい。

「正義派」は困る！

新宿駅西口で「関西大震災のボランティアに……」と叫んでいた人もそうであるが、自分たちは世のため人のために正しいことをしていると確信している「正義派」は、絶望的に頭が硬い。ある日の午後、上祖師谷自治会の広報車がぐるぐるウチのマンションのまわりを回っていることに気づいた。

春の交通安全週間です。歩行者も車を運転する人も交通規則を守りましょう。横断歩道では、左右をよく見てから渡りましょう。シートベルトをしましょう。……

中年女性のスピーカー音がいつ果てるともなく響いているので、その方向に突進。あれだ、と見えはしたが追いつかないので、回り道をして両手を大きく広げて敵を停めた。なかには運転手と成城警察署の警察官一人が前の席に、そして後ろの席には「春の交通安全週間」というタスキをかけたおばさんが二人マイクをにぎっていた。そこで、二人の顔めがけて「こんな意味のない放送はやめなさい。うるさいだけではなく有害なのです」とエンエン論じると、――警官は黙っていたが――二人はたいそう心外だというふうであったが、その一人が怒りをおさえて言った。

――はじめてだわ。こんなこと言われるの。あなた、そんなに「静か」がいいなら山に行けばいいじゃないの！

言いたいことは全部言ったが、何も、ほんとうに何も伝わらない。三〇分後、発車するとまた「みなさん、横断歩道では……」と絶叫していた。私はふたたび「善良な市民」の横暴さを確認して、うちひしがれたのである。

私の住むマンションは十字路に沿っており、とはいえそこから二〇メートルは離れたところに建っているのだが、そこを左折するときに発する「左へ曲がります、左へ曲がります」というキンキン声が私の部屋にまで到達する。

東京都清掃局、佐川急便などには抗議したが、とくに近くの仙川かおる幼稚園の送迎バスが九時前にそこを通過し、毎日それによりたたき起こされるのである。何度もかおる幼稚園に電話で抗議し直接会いに行っても、「だれからもほかに苦情はありません」ということで却下される。そこで、そのバスを造っている日産に電話したところ「音量を調節することも切ることもできない」のだそうだ。「よくそんな配慮のないバスを造りますね」とあきれて、次に運輸省に電話した。

――クラクションさえむやみに鳴らしてはいけないのに、その数倍もの音量で「左へ曲がります！」という音が放置されていますが、これでいいのですか？

しかし、こう言われても、運輸省としては法律に違反しているわけではなく、指導のしようがない、のだそうだ。日産も駄目、運輸省も駄目。ならどうしよう、と悩んだすえに名案が浮かんだ。ほんとうに「コロンブスの卵」とはこのことである。さっそくかおる幼稚園に電話する。幸い、何度も抗議した園長と事務長はいない。若い女性が出たので、次のように言った。

——上祖師谷に住む中島と申します。そちらの幼稚園バスがうちのマンションの近くを毎朝九時前に通過するたびに「左へ曲がります、左へ曲がります」という甲高い声によりたたき起こされます。たぶん私だけではなく、ほかにもこの音によって迷惑を感じている人もいると思います。そこで、どうでしょうか。左回りに動くからいけないので、右回りにしたらアノ放送は必要ないと思いますが。どうぞ、ご検討ください。

その後、たぶん右回りにしたのであろう（一度だけ右回り途中のバスを見かけた）。「左へ曲がります」というキンキン声によって起こされることはなくなった。

「防災無線」という名の怪物

だが、以上のすべての「音」は、「防災無線」という名の怪物に比べれば蚊が刺すほどのもの。この怪物がジワジワとわが国を包み込み、窓を打ち壊し扉を蹴破《けやぶ》って各家の中になだれ込んでいるのだ。幸い私の住む世田谷区では五時の時報以外はないが、これはむしろ例外で、首都圏にかぎっても都心を除いた市町村では猛威を振るっている。朝八時には「おはようございます」という挨拶《あいさつ》とともにすべての住民をたたき起こし、夜中の二時でも「火事が発生しましたー！」「老人が迷子です！」と叫びつづけるのである。

埼玉県滑川町でチェンバロを製作している「同志」の横田誠三さんは、この暴力に立ち向かい、孤軍奮闘している。膨大なものであるが、防災無線の実態を知る意味からも、彼が収集した記録をここに再現してみよう。

こちらは防災なめがわです。役場からのお知らせを申しあげます。四月三日の日曜日、国営武蔵丘陵森林公園が、春の都市緑化月間にちなみ、入場料が無料になります。この日は午後二時三五分から園内の花木園蓮沼前で「月輪のささら獅子舞《ししまい》」をおこないますので、ぜひおでかけください。くりかえします。……以上でお知らせを終わります。

こちらは防災なめがわです。図書館からのお知らせを申しあげます。本日、滑川町立図書館において午前一〇時と午後二時より春休み子ども祭りを開催します。人形劇、映画の上映をいたしますので、ぜひおでかけください。くりかえします。……以上でお知らせを終わります。

こちらは防災なめがわです。コミュニティセンターからのお知らせを申しあげます。明日、五月八日午前九時より滑川町コミュニティセンターにおいて子ども祭りが開催されます。大勢のみなさまの参加をお待ちしております。くりかえします。……以上でお知らせを終わります。こちらは防災なめがわです。

こちらは防災なめがわです。保健センターからのお知らせを申しあげます。最近、家庭の浄化槽の点検をよそおって法外な料金をだまし取る人が出没し、被害を受けた方がいます。契約した業者以外の不審者が来た場合はよく確認してください。くりかえします。……以上でお知らせを終わります。こちらは防災なめがわです。

こちらは防災なめがわです。滑川町役場からのお知らせを申しあげます。本日、役場から依頼されたと言って消火器の訪問販売をおこなっている方がおります。役場ではこのような依頼はしておりませんのでご注意ください。くりかえします。……以上でお知らせを終わります。こちらは防災なめがわです。

こちらは防災なめがわです。滑川町役場からのお知らせを申しあげます。最近、町内では連続して二件の交通死亡事故が発生いたしました。車を運転なさる方は、スピードの出しすぎに注意し、シートベルトはかならず着用するなど、安全運転を心がけてくださるようおねがいします。くりかえします。……以上でお知らせを終わります。こちらは防災なめがわです。

こちらは防災なめがわです。教育委員会からのお知らせを申しあげます。八月二七日土曜日午後五時から町立図書館駐車場で野外映画会をおこないます。ご家族ご近所お誘いあわせのうえ、ご来場ください。くりかえします。……以上でお知らせを終わります。こちらは防災なめがわです。

こちらは防災なめがわです。滑川町選挙管理委員会からのお知らせを申しあげます。本日、滑川町長選挙および滑川町議会議員補欠選挙の告示日でありましたが、候補者がいずれも定数のため無投票となりました。なお届け出された方は、滑川町長に〇〇〇さん、滑川町議会議員補欠選挙に〇〇〇さん、〇〇〇さんの二名です。くりかえします。……以上でお知らせを終わります。こちらは防災なめがわです。

こちらは防災なめがわです。役場からのお知らせを申しあげます。ただ今、埼玉県北部地方に大雨洪水警報および雷注意報が発令されました。どなたさまも十分警戒してください。また、下校途中の子どもたちは近くの家で雨宿りしてからお帰りください。くりかえします。……以上でお知らせを終わります。こちらは防災なめがわです。

こちらは防災なめがわです。滑川町役場からのお知らせを申しあげます。本日役場の職員を名乗って、ガス器具の点検をおこない高額な代金を要求される被害が発生しました。役場ではこのような点検依頼はおこなっておりませんので、ご注意ください。くりかえします。……以上でお知らせを終わります。こちらは防災なめがわです。

こちらは防災なめがわです。本日、予定されていました宮前、福田両小学校の運動会は雨のため二七日に延期します。くりかえします。……以上でお知らせを終わります。こちらは防災なめがわです。

こちらは防災なめがわです。台風関係のお知らせを申しあげます。台風二六号は今夜半最も接近する見込みです。大雨による堤の決壊が心配される沼は桶管を抜くなどしてください。また、河川水路などの堰《せき》は払うようにしてください。くりかえします。……以上でお知らせを終わります。こちらは防災なめがわです。

こちらは防災なめがわです。小学校の運動会の延期についてのお知らせを申しあげます。宮前小学校、福田小学校の運動会は一〇月一日土曜日に延期します。くりかえします。……以上でお知らせを終わります。こちらは防災なめがわです。

こちらは防災なめがわです。たずね人のお知らせを申しあげます。むさしの青年寮に入所している方が朝から行方がわからなくなっています。五八歳の男性で、服装は黒の革コートを着ていてラジカセをもっています。歩行も非常に困難な方です。お見かけの方は施設までご連絡ください。施設の電話番号は〇〇〇〇〇です。くりかえします。……以上でお知らせを終わります。こちらは防災なめがわです。

こちらは防災なめがわです。消防署からのお知らせを申しあげます。ただいま、町内で消防署から来たといつわり、寄付を要求している方がいます。消防署ではこのような行為はいっさいおこなっておりませんので、十分ご注意ください。くりかえします。……以上でお知らせを終わります。こちらは防災なめがわです。

こちらは防災なめがわです。選挙管理委員会からのお知らせを申しあげます。本日告示された埼玉県議会議員選挙は候補者が定数一名のため無投票となりました。なお候補者は〇〇〇候補です。くりかえします。……以上でお知らせを終わります。こちらは防災なめがわです。

こちらは防災なめがわです。選挙管理委員会からのお知らせを申しあげます。有権者のみなさん、きょうは滑川町議会議員一般選挙の投票日です。投票がおすみでない方は早めに投票所においでください。みんなそろって投票しましょう。くりかえします。……以上でお知らせを終わります。こちらは防災なめがわです。

こちらは防災なめがわです。選挙管理委員会からのお知らせを申しあげます。有権者のみなさん、きょうは滑川町議会議員一般選挙の投票日です。ご自分の投票所をお確かめのうえ投票所におでかけください。くりかえします。……以上でお知らせを終わります。こちらは防災なめがわです。

こちらは防災なめがわです。選挙管理委員会から、本日おこなわれた滑川町議会議員一般選挙の開票結果をお知らせいたします。○○○五九○票、……○○○○一九○票（二一名分）。くりかえします。……以上でお知らせを終わります。こちらは防災なめがわです。

タスキをかけた上祖師谷自治会のおばさんは、抗議する私に「山に行け」と言った。

私だけではない。多くの仲間たちが、そう言われている。だが、山にさえ行けないのである。とすると、残るてだてはもう日本脱出しかない。

4　「優しさ」という名の暴力

吉野弘の「夕焼け」

さて、そろそろ多くの読者は私の「闘争記」にも飽きてきたころであろうから、ここで、「音」に突進するドン・キホーテの悲喜劇は中断する。幕間《まくあい》として、――「音」からはそれるが――「音漬け社会」の真の原因をつくり、わが国を完全に支配している「優しさ」という名の暴力を少々しつこく分析してみたい。

吉野弘の有名な「夕焼け」という詩がある。

いつものことだが
電車は満員だった。
そして
いつものことだが
若者と娘が腰をおろし
としよりが立っていた。

うつむいていた娘が立って
としよりに席をゆずった。
そそくさととしよりが座った。
礼も言わずにとしよりは次の駅で降りた。
娘は座った。
別のとしよりが娘の前に
横あいから押されてきた。
娘はうつむいていた。
しかし
又立って
席を
そのとしよりにゆずった。
としよりは次の駅で礼を言って降りた。
二度あることは
と言う通り
別のとしよりが娘の前に
押し出された。
可哀想に

娘はうつむいて
そして今度は席を立たなかった。
次の駅も
次の駅も
下唇をキュッと噛《か》んで
身体をこわばらせて――
僕は電車を降りた。
固くなってうつむいて
娘はどこまで行ったろう。
やさしい心の持主は
いつでもどこでも
われにもあらず受難者となる。
何故って
やさしい心の持主は
他人のつらさを自分のつらさのように
感じるから
やさしい心に責められながら
娘はどこまでゆけるだろう。

下唇を噛んで
つらい気持で
美しい夕焼けも見ないで

この詩は小学校の国語の教科書にも採用されている。私は、うつむいて下唇を噛んでいる少女とそれを暖くくるむように見つめる詩人を結ぶところに、この国のマジョリティの美意識・規範意識があると思っている。

だが、想像をたくましくすればするほど、この「優しい」少女の振る舞いに私は共感しないのだ。彼女はわが家に帰るや否や、母親や兄弟姉妹に電車の中のつらさをぶちまけるような、あるいは自分の部屋に駆け上がり、扉を閉めたとたん、こらえきれなくなってシクシク泣きだすような気がする。そうではないにせよ、心の中で自分のぶざまさを恨めしく思いつづけるような気がする。

この場合、彼女は自分の感じている怒り、つらさをはっきり言語化できないであろうから、それはますます彼女の深いところに達して癒されることはないのだ。彼女の思考はグルグル同じところを回りつづけるだけであろう。ここで、——事実はあくまでもわからないのだが——あえて彼女に代わってその怒りとつらさとを正確に言語化してみよう。

「優しい」人とは他人に「優しさ」を期待する人である

彼女は何に対して怒っているのか、鈍感な老人たちと自分自身に対してである。だが、はじめの老人が自分の前に立ったことも、彼（女）が次の駅で降りたことも仕方がない。いや、「次の駅で降りますから」とはっきり言って断ってくれれば、自分は救われたのにとも思う。だいたい、次の駅で降りるのだから、若者の前に立つなどという鈍感なことをしないで扉近くにヒッソリと背を向けて立っていればよいのだ、とも思う。

だが、彼女の怒りはより強く自分自身の醜態に向けられる。あの場合自分はどうしたらよかったのか。まちがいは、はじめに席を譲ったことか。そうではない。彼女は立たざるをえなかった。老人を目の前に立たせて自分が座りつづけることはつらいのだから、彼女は立たざるをえなかった。

そうではなく、自分はその老人が次の駅で降りたあとも、ずっと立っていればよかったのである。それを、またヒョコヒョコ座ってしまったこと、この軽薄さ、見通しの悪さが、とりかえしのつかない醜態なのだ。そのとき、フト前の空いた座席に腰をすべらせたことが、その後のエンエンと続く苦しみと災いの「原因」なのである。これが、彼女が探し当てることができるほとんど唯一の回答であろう。なぜか。なぜなら、そうしなければ、彼女は傷つかなかったからである。

ここが重要な点である。彼女は「優しい」人である。それは、この国においては、他人に対して優しいのみならず、他人が自分に対して優しいことを期待する人、言いかえれば、他人に対する自分の優しい振る舞いを他人が受け止めてくれないと傷つく人である。そうした他人をはげしく恨み、自分の優しい振る舞いを後悔する人である。「優しい」人の行為は無償ではない。優しさを向ける相手に「見返り＝自分に対する優しさ」を期待する。そして、見返りのないとき、その人を憎むのである。

しかも、その場合、見返りを相手の立場も含めて総合的に判定するのではなく、あくまでも自分の観点から一方的に判定するのであるから、なかなか満足するものは返ってこない。「ありがとう」という言葉ひとつ投げかけられても、この言い方も皮肉のようで嫌だ、あの言い方も冷たくて嫌だ……と期待するところは絶大である。こうして優しい人は、他人に対する期待がかなえられなくて、たえまなく傷つく仕組みになっている。

なおも考えてゆくと、下唇を嚙み夕日も見ないで座りつづける彼女は、今老人が目の前に立っており、彼（女）が自分を見下しているかもしれないことがつらいばかりではない。さらに二重につらいのである。一方で、電車の中にはこうした光景をずっと見ていた乗客もあろう。その人々が彼女の心を見透かしていることがつらいのである。他方、いきさつをまったく知らずに今乗り込んできた乗客もあろう。そうした人々に自分がかたくなに座りつづけていることが「わかってもらえない」からつらいのである。

こうして、「優しい」人は、たえず膨大な他人に対する期待がかなえられなくて、血みどろに傷つき、自他を責める人である。そして、自分が傷つかないように、以後ますます他人に優しくすることを警戒する人である。

つまり、「優しい」人とは、——他人に優しくしようと全力を尽くそうとする人ではなくて——優しくない他人によって自分が傷つくことを全身で恐れる人であり、むしろこちらを第一原理とする人なのである。であるから、「他人に優しくしよう」という原理と「自分が傷つかないようにしよう」という原理が衝突して、他人に優しくしようとしたが自分が傷ついてしまった場合、あの少女のように「他人に優しくしよう＝老人に席を譲ろう」という原理をいともアッサリと放棄してしまう。

「優しい」人は他人の加害性に関しては恐ろしく敏感である。だが、こういうかたちでたえず他人を裁き他人に暴力を振るっているという自分の加害性に関しては、都合よく鈍感である。この国では、こういう「優しい」暴力的な人々、すなわちこの力学に従わないものを排除し、冷たい視線を浴びせつづけ、しかも自分たちこそ被害者であると思い込むタチの悪い人々が蔓延《まんえん》している。

ここにはコミュニケーションの断絶といういちばん恐ろしい事態があるのだ。少女がこれほどまでに傷ついているのに、さきの老人たちはそんなことは夢にも思わないであろう。少女の苦しみは永遠に伝わらない。事態は改善されない。少女はこれからもこのような「優しくない」老人たちに傷つけられつづけ、彼らを恨みつづけ、裁きつづけ、しかも老人たちはそれをトンと知らないまま人生を終わる。

これでいいのだろうか？　少女の莫大《ばくだい》なエネルギーはなんの効果もないままに、「使い捨てられて」しまう。回答を示すのはしばらく待って、もう少し同じ問題を追究することにしよう。

席は譲りたいが断られると恐ろしい

若者が老人に席を譲るのに抵抗を感ずる理由は、いくらでも挙げることができよう。

一、衆人環視のもとで「道徳的」な振る舞いをすることが恥ずかしい。

二、老人を立たせたまま座りつづけると、周りの乗客の視線が痛いから譲るだけなのに、周りの人々から立派な青年だと思われたり、譲った本人から丁寧に感謝されると、自分の「偽善」を自覚して自己嫌悪に陥る。

三、とにかく譲りたいのだが、そのタイミングが難しい。ふと近くに老人がいることに気づいてすぐに席を譲ればいいのだが、それが何かの拍子でタイミングを失うと、ずっとあとでは言いにくい。

四、少し離れたところに老人が立っており、その真ん前に若者が素知らぬ顔で座っている場合など、自分が席を譲ると、その若者にあてつけのようだし、彼（女）を非難しているようだし、つまり傲慢《ごうまん》なようで嫌だ。

五、せっかく席を譲ろうとしたのに、断られるときまりがわるい。その可能性を考えると気おくれして譲れなくなる……。

そして、しばしばわが国では五番目の理由が社会的な広がりをもった話題になる、新聞の投書欄にも時折せっかく席を譲ったのに断る老人を非難する意見が載っているが、ある日の「中学生日記」（NHKテレビ）も、この問題を取りあげていた。

一人の女子中学生が、電車の中で老婆に席を譲ったが断られ、大きなショックを受ける。クラスの仲間にもこのひどい「仕打ち」を伝え、もう二度と老人には席を譲らないと決心したが、あとでこの老婆がじつははじめて娘一家を訪ねてきた田舎の祖母であることを知り、祖母は学校まで来て孫に「すまなかった」と謝る、というストーリーだった。

この場合も、老婆は自分が少女を深く傷つけたことは、偶然自分の孫であることを通してあとから知るのでなければ、永遠に知らずにいたことであろう。ここではコミュニケーションがみごとに切断されており、彼女は自分の行為の加害性にまったく気づいていない。

「優しい」人、すなわち他人に自分に対する「優しさ」を求める人は、他人に過剰な要求をする。彼らはけっして他人に向かって直接自分が傷ついたことを語らない――なぜなら、それは他人を傷つけるから――が、自分を傷つけた他人を一方的に裁くことはやめない。一度でも自分に対する「優しさ」を行使しなかった他人は、「優しさ」のない人という烙印《らくいん》を押して永久に追放してしまうのだ。

私は、日本社会をスッポリおおっているこういう「無言の裁き」を根絶しなくとも少なくとも希薄化すべきである、と思う。そのための第一歩は、疑いなく他人に自分に対する「優しさ」を過剰に求めることをやめることである。

「優しい」人々が住む残酷な世界

「優しい」人をXとしよう。Xはかくも厳格な掟《おきて》を掲げて生きているのであるから、逆に自分が他人を傷つけていないかどうか、つねに気がかりでもある。だが、自分が密《ひそ》かに傷つけたかもしれない他人Aが直接自分に言ってくれないことはわかっているので、間接的に別の他人Bより聞き知るよりほかはない。しかも、Bからそれを知った場合のショックははなはだ大きいのである。

なぜなら、自分が気づかず鈍感であったこと以上に、自分が知らずに傷つけた他人Aが間接的にその不満をBに告げていたこと、いやさらに多くの他人C、D、E……に告げているかもしれないこと、じつは自分以外のみんなが自分のAに対する加害行為を知っていて自分をずっと裁きつづけていたかもしれないこと……、と考えれば考えるほど冷や汗が滲《にじ》む。

BやCに「なんでもっと早く知らせてくれなかったのだ！」と訴えるとしても、それがこうしたシステムの本質をついていないことはわかっている。なぜなら、いつどのような仕方で知らされようと、やはりXは傷つくからである。

そして、XはたとえAに「私はあなたを傷つける気はなかった、あなたは誤解しているのだ」と言葉を尽くして訴えても、あとの祭りであることをよく知っている。なぜなら、多くの場合Xの言葉はいかなる価値ももたず、Aにとって「自分が傷ついた」という事実がすべてだからである。傷ついたか否かはひとえにAが決めることであり、それに関して、Xはいかなる発言権もないのだ。Xの誤解を呼ぶような言い方が悪かったのであり、Xの本意ではなく、あくまでも他人に対する配慮のなさこそ断罪されるべきことである。

問いつめれば、AはXに「なんとも思っていない」ことを告げる。「自分のほうこそ誤解して悪かった」とすら言う。しかし、その微妙な表情と経験則から、XはAの言葉と裏腹に自分の謝意がけっしてAの心の底に届かないことを思い知らされる。ここに至ってXは絶体絶命である。もはや残されたカードは手もとに残っていない。XはAの判決を一〇〇パーセント承認し、自分の有罪を承認するほかはないのである。

しかも、「優しさ」を求める他人にこれほど傷つけられながら、自分自身他人に同じように「優しさ」を求めるXは、こうした理不尽なシステムから抜け出ようとはしない。いかにこのシステムが残酷であるかわかっていても、断じてこの枠組み自体を壊そうとはしない。あくまでも、この構造の内部にとどまりながら、歯ぎしりするのである。

すなわち、Xの後悔はひとえに自分の軽率さに向けられる。そして、Xはこうした苦い経験から、ますます自分の言動に注意を払うようになり、すぐそばの他人を警戒するようになり、「自分はXによって傷ついた」と勝手に思い込むことにより自分を傷つける他人に、目を光らせるようになるのだ。
あなたは、本当にこういう世界で生きつづけたい（そして死にたい）だろうか？「言葉」を使うことにより、もう少し風通しをよくしようとは思わないだろうか？　この問いについては、この本の最後（次章）に、まとめて考察することにしよう。

霊園内にとどろく「置き引き」の注意放送

このあたりで、また「音」の問題に戻る。おおかたの読者がもう私の「闘争記」にはうんざりしていることは承知している。だが、「読む」ことより「書く」ことのほうがくたびれ、「戦う」ことはもっとくたびれ、その実情を克明に告げるために書いているのだから、読者が少々くたびれても仕方ない。もう少々おつきあいねがいたい。

三年前の三月、義兄（家内の兄）がガンのため四九歳の若さで亡くなり、小平《こだいら》霊園でのその納骨の日のこと。お経が流れお焼香が続いているあいだ、突如園内に響きわたるテープ音で「置き引きに注意しましょう！」という放送が流れた。この放送は数度流れ、そのあとさらに「隣の墓地に自分の墓地の樹木が延びるような迷惑はかけないようにしましょう！」という注意が続いた。

私は自分の焼香をすますと小平霊園管理事務所に飛び込み、所長のKさんと四〇分あまり議論した。彼によると、置き引きが多いとのこと。その対策としてビラを各人に配ろうとしたがそれは煩瑣《はんさ》であるし、看板をいたるところに立てるのも美観を損ねるので、あの放送を三〇分に一度流している、ということである。

放送を流す前、置き引きが日に何件ぐらいあったか、そして放送を導入してからそれがどの程度減ったかデータがほしいと聞いてみたが、――この種の質問にはどこでもそうなのだが――けっして答えてくれない。

一日に数百件もないことは確実なのだ。日に数十件もないであろう。いや、日に数件もないかもしれない。場合によれば、数日に一件くらいなのかもしれない。静かな面持ちで「年寄りがせっかく貯めた貯金が置き引きされるのを黙って見ていられませんので」というKさんの口調から、毎日毎日年寄りの貯金が置き引きされるわけもあるまい、それはある日そうした事故が一件起こったから導入したのであろう、という推測が生まれてくる。

だが、私の中心論点はそこにあるのではない。私はたとえ日に千件、いやすべての入園者が置き引きの事故に遭おうと、「置き引きにご注意ください」という放送を大音響で流すやり方はまちがっている、と言いたいのだ。ところは霊園。置き引きに泣く者のことを考えるのなら、読経《どきょう》もかき消えるほどの放送にいらだつ（私のような）者のことも考えてもらいたいのである。

だが、私がいくら力説しても、Kさんはけっして納得しなかった。「置き引きが一件でも発生するかぎり、お客さんに予防をうながすのはわれわれの責任です」と言って一歩も引き下がらない。私はその後東京都庁建設局霊園課に電話してみたが、まったくとりあってくれない。そこで、環境庁大気保全特殊公害課に電話してみると、係長のMさんは、環境庁は「拡声器騒音防止の手引き」を刊行しているが、あくまでも「手引き」であってやめさせることはできない、ということであった。

そこで、考え方を変えてもらえないか、と私がそれまで書いたものをはじめさまざまな参考資料を添えた手紙をKさんに出した。Kさんからは、黒田三郎の詩「しずかな朝」と「優しさ」にあふれた丁重な返事が届いた。

全くそれはしずかな朝だった
明るい初夏の日ざしのなかで
眠ったように動かない
女学校の水色の校舎
こわれたままになっている柵《さく》
パラソルをした女が道の向うから
ゆるゆるとやって来
またゆるゆると道の彼方《かなた》に消える
その時間が
なんと
ゆるやかに

ながながと
感じられることだろう
校庭で体操をしている少女達のスラリとのびた足
手の動き
砂の上にしゃがんで
ぼんやりそれを見ていた
何も変わったことはない
実にしずかだ
妻は久しぶりに外出着を着て
療養所へゆく仕度は
すべてととのい
あとは自動車が来るのを待つばかりだ
砂の上にしゃがんで
車を待っている僕の前を
屑屋《くずや》の車がのんびりと通っていく
いつまでも見えているその車を
僕はぼんやり眺めている
……

私の好きな詩の一つです。幼稚園に通う女児を残して、妻に長期入院される作者の心境は、静かでも穏やかでもなかったと思います。また、比較的静かな住宅地の朝の情景の一コマですが、もちろん無音の世界ではなかったと思います。女学校の水色の校舎からは、音楽教室のピアノや女声コーラスが流れていたかもしれない。校庭で体操をしている少女たちはおそらくレコード音楽に合わせて動いていることでしょう。屑屋の車は「毎度おなじみの……」と流しているかもしれない。「全くそれはしずかな朝だった」「実にしずかだ」と二行書いた以外は視覚的表現ですが、作者はおそらく流れてきた音がすべて快い音であったため、それを静かに受け止めたのではないかと思います。

Kさんは私の考える典型的に「優しい」人である。だからこそ、最も困った人である。以上の「しずかな朝」とその解説を通じてKさんの訴えたいことは、霊園の中は「置き引きにご注意ください！」という轟音《ごうおん》放送を含めて「実にしずかだ」と言えるのではないか、ということであろう。無音状態にもってゆくことが「静かさ」を実現するわけではない。そこにさまざまな「音」が流れていても、その風景を全体として静かに受け止めることができるのではないか、ということであろう。

私は、「音」に関するこうした「柔軟な」考えこそ現在日本の騒音地獄を生み出していると確信している。それにしても、この考えはけっしてKさん独自のものではなく、じつは伝統的な日本人の美意識、規範意識に支えられている。ここで、実態報告からやや離れて、この問題を少し考えてみよう。

無音を嫌う文化

しずかさや岩にしみ入る蟬の声（芭蕉《ばしょう》）

蟬のまさに轟音の中に「静かさ」を聞き取る感受性はおおかたの日本人にはわかりやすい。「ししおどし」も同じ効果をねらっている。絶対的無ではなく、そこに「なんらかの音」を取り込んで静寂を演出することは、よくわかることである。

利休《りきゅう》はわざわざ茶室を山中にではなく市井に置いた。喧騒《けんそう》に囲まれていればこそ、そこに開かれる空間はますます「静寂」なのである。

じつは、こうした高度の美意識をもち出す必要はない。よく言われることであるが、古来日本人は虫の音を鑑賞する耳をもっている。よく聞けばわかることであるが、秋の夜の虫の音はすさまじいものである。それを「うるさい」と感じない耳をつちかってきた。

さて、「古来日本人はあれほど静寂を愛したのに、戦後とくに高度成長期にそれをすっかり忘れて祖国を騒音地獄に変えてしまった」というよく耳にする俗説に、私はここで正面から反対したい。

私の仮説のアウトラインはこうだ。古来日本人はさまざまな音に対して寛容であった。雨の音、竹の音、蛙の鳴き声、小川の流れる音、ススキが風に揺れる音、さらには本来音がしないはずのものにさえ「シンシンと雪が降る」という音の表現を与えた（歌舞伎では太鼓をドンドンと鳴らす）。つまり、日本人は自然のさまざまな音を排除せずにそれを取り込んで、そこにさまざまなサインを聞き分けて生きてきた。

だが、こうした音に寛容な態度は、お寺の鐘、火の用心の拍子木、豆腐屋のラッパ、紙芝居屋の太鼓、チンドン屋の太鼓やラッパ、金魚屋の「きんぎょー」という呼び声、花火、盆踊りの太鼓、秋祭りのお囃子《はやし》等々、人工音が増えるにしたがって、そのままそうした音に対しても寛容な態度をかたちづくることになる。そして、それがそのままラジオ、テレビ、スピーカーからの音楽等々の機械音に移行した結果が現在の騒音地獄である。

魚河岸《うおがし》の威勢のいい「いらっしゃい、いらっしゃい」という掛け声が、そのままスーパーの食料品売場のスピーカー音ないしテープ音に変わっただけである。鐘や太鼓や拍子木が猛烈なスピーカーからの音楽やBGMに変わっただけである。

言いかえれば、古来日本人は無音という意味での静寂は望んでいなかったのだ。「岩にしみいる蝉の声」や「蛙《かわず》飛び込む水の音」のように、いつも静寂のうちにもなんらかの音があることを期待しており、それがない場合は（「ししおどし」や「風鈴」のように）無理やりつくりだしてさえいたのだ。

こうした寛大さがそのままどんな音環境でも許してしまうという鈍感さに連なるという、池村弘之《いけむらひろゆき》の指摘（「音環境の〈日本〉そして〈近代〉」『静かさとはなにか』所収、第三書館）は鋭い。どうも、このあたりにすべての秘密はありそうである。

「音」に無関心なサウンドスケープ論者たち

池村さんは、日本サウンドスケープ協会理事の一人であり、ほぼ私と同じように「音漬け社会」に敵意を抱いている。「サウンドスケープ」とは、カナダの作曲家マリー・シェーファーが二〇年あまり前につくった言葉で、「サウンド（音）」と「ランドスケープ（風景）」とをミックスした概念であり、われわれの生きる現場全体において音をとらえなおそう、という思想ないし運動である、と言ってよい。

したがって、じつのところ音に関連することはすべて含む茫漠《ぼうばく》たる概念なのであるが、研究会に参加するたびに私が驚くのは、サウンドスケープ論者たちの「音漬け社会」の現状に対する怒りの薄さである。

今まで多くの報告を聞いた。二月堂のお水取りにおける伝統的な音の話、外の鳥のさえずりを取り込んだ軽井沢に計画中の養老院の話、地下鉄南北線の駅構内に流れる地域の音の話、音のデザインをした街路のスライド付き報告……等々。

私は、会場に着くまでに街の喧騒と機械音の絨毯《じゅうたん》爆撃にヘトヘトになってしまうのだが、そこに集うサウンドスケープ論者たちはこうした「音」に対してほとんど怒りを感じないようだ。そして、「〇〇寺の鐘の音はここまで響きます」とか「最高の音環境をめざすホールを設計しています」とかエンエンと報告するのである。

参加を重ねるにつけ、私のイライラはつのってきた。そして、あらゆる会場で怒りをぶつけるようになった。このところ私が参加した研究会では、「そんな悠長な研究をする前に、あなた方は現代日本社会の音の暴力に怒りを感じないのですか！」と私がどなる場面がかならず出現している。先日の名古屋での研究会では、ある音のデザイン家が猛烈な音量でマイクを片手に「お寺の庭に流れる水音のデシベル変化」の研究報告を始めたので、ただちに手を挙げて抗議した。

――今マイクを通したあなたの声がどんなに大きいか知っているのですか！　それも配慮せずに音を研究しているあなたはおかしい！　小さくしなさい！

報告者はただちに音量を小さくしたが、私はなおも最後に追い打ちをかけた。

――足もとの現実を見ずに、音の設計や研究をしている人の倒錯した態度に強く抗議します。そういう鈍感な人に音の設計を任せることは非常に危険なことです。

秋葉原サウンドウォーキング

そして、私の怒りは、「秋葉原サウンドウォーキング」（一九九四年九月一七日）のときに最高潮に達した。秋葉原の電気屋街を参加者は思い思いの道を一時間ほど歩いて、そのとき発見した音を報告しあとで討議する、という会であった。悪い予感はしたのだが、歩きはじめると、音、音、音の洪水のみならず看板のけばけばしい色（最近の言葉では「騒色」）にめまいがしてくる。一時間はとうていもたない。一五分くらいで休憩し、ビールを飲んだのがいけなかった。ふたたび街に出て歩きはじめるや、音の炸裂《さくれつ》する電気屋の連なりにフラフラしてくる。そのうち頭がズキズキ痛くなり、三〇分でまた休み、自分は何をしているのだろう、と後悔する。

さて、その報告会の席がまた驚きである。じつは、歩きはじめる前に各自に赤やピンクやらの色紙が配られたのだが、それらの色は「とてもいい音」「どちらかといえばいい音」などを意味し、散策中見つけた「いい音の場所」を覚えておいて、壁に掛かった秋葉原の地図上に色紙をピンで刺してゆきながら、各自が短い感想を言ってゆく。

――あの川のところで鳩の声が聞こえました。

――電車の高架線のガード内でポタポタ雫《しずく》が垂れる音がしました。

――ちょっと引っ込んだ道を行ったら風鈴が聞こえてきた。

――私も住宅街に入ってみたのですが、自分の歩く砂利の音がよかった。

――私、くしゃみしたんですけど、それがいい音だなあって思いました。

次々に報告する人をマジマジと見て、私は腹の中でずっと「アホ言うな！」「馬鹿もいいかげんにしろ！」とどなっていた。そして最後に私の番。そう、ご推察どおり大爆弾を投じたのである。

——あなたがた、よくそんな馬鹿げた報告ができますね！　私はこのスピーカー音とものすごい色彩それに大群衆に、頭が痛くなり、とても一時間も歩くことなどできませんでした。私はこの地図を真っ黒に塗りつぶしたい。暴力的な音の炸裂する秋葉原で風鈴や鳩の音がしたからといって、それが何なのですか？　強制収容所の裏庭にタンポポが咲いているのを見つけて喜んでいるようなものじゃないですか！　あなたがたは、この音環境に対する怒りがないんですか？　現状に対する批判がないのですか！

しかし、主催者が「そうしたことはあとの討議で」と言うので「なんで『ひどい音』『醜い音』という色紙を配らないのです？」と聞くと「だって、同じ歩くのならいい音を採取したほうが気持ちいいじゃないですか。悪い音を収集しても嫌になるでしょう？」という間の抜けた答えが返ってきた。その後の討議でも——またいつものように——私が約三分の二喋《しゃべ》りつづけ、つまり今日のサウンドウォーキングの趣旨は基本的にまちがっていると言いつづけて（もう名物なので、だれも驚かなくなったが）、会は終わった。

ここにも、私は日本人の美学を感ずる。なるべく「よい」ところを見てゆこうという麗しい態度である。今、日本サウンドスケープ協会では「日本の美しい音百景」を集めているが、何万いや何億もの醜い音風景で満たされたわが国の中で美しい音風景が百集まったとて何であろう。「明治神宮で虫の音を聞く会」を催すのもいいだろう。だが、明治神宮に行く途中の渋谷や新宿の暴力的音環境について主催者は何にも考えないのだろうか？　「上野寛永寺の鐘」を残したい音として挙げるのもいいだろう。だが、鐘の音などかき消す周辺の劣悪な音環境はどうなのだ！

音環境が比較的よく保全されているサウンドスケープの出生地のカナダなら「森林を過ぎ行く風の音」を研究してもわかる。しかし、音環境など全然考慮しない街がエンエンと続くわが国においては、まさにこの醜悪な現状についてカンカンガクガク大議論しなければならないのではないか。だが、実際には「秋葉原サウンドウォーキング」に見られたようなノーテンキな研究や報告や散歩が多いのだ。

こうして、多くのサウンドスケープ論者との討論によって、音のデザインに心血を注いでいる人も、オーディオの音にはひどくやかましい人も、私が戦っている「音」は気にならないことがよくわかった。

秋葉原の轟音《ごうおん》の中で風鈴を聞くという図式は、私の抱いている日本人の美学にぴったり呼応する。スピーカー音の炸裂する街の真ん中で「鳩の鳴き声」を「雫の垂れる音」を聞き分けようという態度が、「音漬け社会」をつくりあげているのだなあ、とあらためて思ったことであった。

さきの小平霊園管理事務所所長のKさんの「優しい」手紙が自信にあふれているのも、それが日本人の基本的な美意識・規範意識に支えられているからであろう。霊園に置き引き注意の轟音放送をまき散らすKさんはたぶん「静寂」を愛する日本人なのだ。

湘南モノレールとの交渉で、「大船終点です」という放送は必要ないという私の抗議が伝わらなかった運輸課長のMさんは、日本野鳥の会の会員である。静かな山で終日野鳥を観察することが趣味の人であった。つまり、静寂を愛する人が、私が問題とするようなエスカレーター放送や駅の案内放送にまったくいらだたないことこそ、事実として受け止めねばならない。

わが国には茶人がたくさんいるのに、彼らはその稽古場《けいこば》に行くまでの街や駅の喧騒《けんそう》を嘆いてはいない。たとえば、義理の母（家内の母）はお茶の教授であり吉祥寺に住んでいるが、あのキチジョージの繁華街の喧騒にも「なんともない」ようで、スタスタ歩いている。小林秀雄や川端康成のような美の大意識家でも、駅の構内放送や街（たとえば東京駅や京都の河原町）の喧騒にいらだつという文章を見かけない。

成城にはいわゆる「文化人」がたくさん住んでいるのに、その駅前のスピーカー数台からとどろく鼻のつまったような甲高いテープ音の暴力に対して立ち上がろうとはしない。北鎌倉にも「文化人」がわんさと住んでいる。だが、駅の踏切には列車が通過するたびにカンカンという警告音とともに「列車が通過します、ご注意ください。列車が通過します、ご注意ください。列車が通過します、ご注意ください」と数度ひどい音質のテープ音が入るのに、だれも抗議しない。

日光山にとどろくテープ音

お正月、久しぶりに家族で日光に行った。青い抜けるような空を背景に残雪が白く輝き申し分ない行楽日和だったが、タクシーで東照宮の入口に着き、ドアを開けるや次のようなテープの爆音を受けた。

ご参拝のみなさま。こちらは輪王寺、東照宮、二荒山《ふたらさん》神社、三代将軍家光廟《びょう》へと続く日光山の入口でございます。お見落としをされませんよう、どなたさまもこちらをお入りください。こちらで、無料の案内図をさしあげておりますので、どうぞお立ち寄りください。

まだ朝霧のたちこめる日光で、このスピーカー音は五〇メートル四方に響きわたっている。私はこうした音の暴力を耳にすると、赤い布を見せられた闘牛のように興奮し突進してゆく。

輪王寺の入場券売り場の老人に抗議し、事務所を教えてもらいたずねたが、朝のおつとめでだれもいない。そこで、そのあいだ五〇メートル先の東照宮の入口で抗議。「ほら、ここまで聞こえてくるでしょう」と言っても「あれはウチとは関係ありません」と平然と答える。「東照宮という名前も入っているのですよ。あの轟音がなんともないのですか！」とどなっても、らちがあかない。

そこで、強い抗議の手紙を事務員に渡そうと輪王寺にもどろうとすると、途中で若い僧に出会う。輪王寺の者だということで、彼に直接私の「思想」を伝えると「でも、迷う人もいますので……」というお決まりの駄弁。むこうずねを蹴《け》とばしたくなる。「じゃ、私があそこに立ってきょう一日中案内しましょうか？」と世田谷美術館のときと同じ提案をしても、今度は「ああ、やってもらいましょう、夕方までやってもらいましょう」というわけにはいかなかった。クダクダ議論を重ねても、嫌がるばかりで、ふと私を払いのけて「失礼します」と立ち去ってしまった。無念の涙がポロポロこぼれそうになる。それでも、ぐっと耐えて輪王寺に駆け込み、——たぶん——ものすごい形相で手紙を渡そうとすると「あっ今もどりました」と事務員。そこには、朝のおつとめを終え、すがすがしい顔をした住職が五人ばかりの老僧を連れて入ってきた。そこで、さっそく大抗議。

——この日光の素晴らしい自然のもとであのスピーカーは何ですか！　あんな鈍感な

野蛮な放送を設置するとは、毎日あなた方は何を修行しているのですか！

そして、結果として――私の捨て身の情熱が通じたのか？――スピーカー音は消えたのである。また復活したかもしれないが、とにかく一時的にせよ大きな成果であった。

それにしても、――さきに見たように京都のお寺のスピーカー地獄はヒドイものであるが――深山の日光にしてこのザマである。「静寂」を一大理念としているはずのお坊さんたちは、本当に日々いったい何を修行しているのだろうか？

さて、こうけなしてばかりいるのもカラダに悪いので、ここで素晴らしい街を二つ紹介しよう。それは銀座と鎌倉の小町通りである。銀座は（大銀座祭のときを除いて）行くたびに敬服する。その広い区域には裏通りを含めてほとんど「音」がないのだ。最近は無思慮なファーストフード店やブティックからわずかに「音」が聞こえることもあるが、ほぼヨーロッパなみの「静かさ」が実現されている。みなさん、気がついていますか？　もう一つは鎌倉の小町通りであり、ここもほぼ完全に「音」がない。あれだけ軽《けい》佻《ちょう》浮《ふ》薄《はく》な若者たちでごったがえしているところで、スピーカー音はほぼ皆無である。

京都の河原町通りや四条通りあるいは奈良の三条通りをはじめ、古都の繁華街のヒドサを知っているだけに、この二つの通りはまさにわが国「文化」の最高峰だと言えよう。今後とも、この「静かさ」を死守してゆかねばならない。銀座通りや小町通りをそぞろ歩く人々は「音」のないことにいらだっている様子はない。むしろ、――私の目には―

――「音」がないから、ゆったりくつろいでいるように見える。私はこの二つの街に足を踏み入れるたびに「音」はまったくなくてよい、という持論を再確信するのである。

「優しい」人の生態観察

話がずれてしまった。小平霊園管理事務所所長のKさんのような「優しい」人が、じつは現代日本の「音漬け社会」の真犯人であり、この犯罪はわれわれ日本人の伝統的な自然観や美意識に反するものではなく、むしろそれにしっかりと支えられている、と私は言いたかったのである。だが、こうした「日本文化研究」は本章の主題ではない。本章で私が試みたいこと、それは、どこまでも具体的な現象に密着して「音漬け社会」を形成し、助長し、それに反対する人を排除し、しかもまったく罪の意識のない「優しい」人をあぶり出してゆくことである。

以上の観点から、さらに「優しい」人の生態を観察してみよう。

最近、とみに思いやりや常識の欠ける人が多いのに気がつく。……昔と違い、社会が複雑化していく中で、ある程度自己中心的になっていくのは仕方ないことかもしれないが、それにしても寂しい感じがしてならないのは私だけだろうか。……週末の深夜になれば、暴走族がものすごい音を響かせながら走る。やっと寝かしつけた生後まもないわが子が、目を覚まし泣き叫ぶ。……私も人間である以上、知らぬ間に人を傷つけているかもしれない。しかし、これからは子をもつ親として、少なくとも人が嫌がることをしないようわが子に諭し、子供が成人する二一世紀には、思いやりのある社会が実現していることを願ってやまない。（公務員　男　三三歳　『朝日新聞』一九九四年六月五日）

暴走族に毎夜眠れない思いをしている方々は、ほんとうに気の毒だとは思うが、暴走族の若者たちに向かって「睡眠を妨害されている人たちを思いやれ」と叫んでも、彼らはそれを「思いやって」妨げているのだから、彼らに「思いやれ」と訴えても仕方ないのである。これは屁理屈《へりくつ》ではない。われわれは、他人の苦しみがわかるゆえに他人を意図的に苦しめることができるたぶん地上で唯一の動物である。暴走族の若者たちは、沿道の住民が苦しんでいることを知っており、彼らを苦しめることを含んで自分たちの快楽を追求しているのだ。

彼らとのコミュニケーションに言葉は無力である。彼らの睡眠も同様に妨害して――たとえば、右翼の宣伝カーに頼み、連日彼らが昼間ウチで寝ているあいだじゅうその周りを大音響でガナリたててもらう――身体《からだ》でわかってもらうよりほかない。それでも、彼らが自分が苦しんだのだから他人を苦しめるのはやめよう、という考えに当然至るわけではない。自分が苦しむのはまっぴらだが、他人を苦しめるのは愉快だ、という選択は残るからである。

誤解されると困るが、だから暴走族は「正しい」と言いたいのではない。私だったら、新聞に投書などせず、その沿道近くの住民すべてを引き入れ警察とともに——夜その国道を封鎖することも含めて——強硬手段に出るであろう。自分たちの最低の生活権を守るために、暴走族を抹殺するという現実的な解決をめざして徹底的に戦うであろう。

しかし、今はその話をしたいのではない。私は、この投書の主がここで「思いやり」という言葉を使っていることに非常な抵抗を感じるのだ。これは「優しさ」と言いかえてもよい。暴走族を「思いやりのない」人間であると断罪する彼は、それが防災無線に立ち向かう論理になりえないことを知っているのであろうか。防災無線は「思いやりがある」ゆえに、他人の睡眠を妨害するのである。他人の睡眠を妨害しても、火事や迷子の案内をすることが「思いやりがある」と信じて流しているのである。

まして、この投書の主は、いたるところから垂れ流されている注意、禁止、挨拶《あいさつ》放送にはいっこうに苦痛を感じないように思われる。「思いやり」という言葉がいかにこの国で猛威を振るっているかに気づかないように思われる。

私は、自分がつねに「思いやり」や「優しさ」という名のもとに流されるアアセヨ・コウセヨという放送の犠牲になっているゆえに、そこに気づかない彼の鈍感さにいらだつのである。むしろ、彼にとっては、個人的信念にもとづいて他人につっかかってゆく私のような人間こそ「思いやりや常識の欠ける」張本人なのではなかろうか。大多数が不愉快に感じない放送を私が「やめてくれ」と言うのは、「自己中心的」であり「知らぬ間に人を傷つけている」ことになるのではないか？　本人に聞いたわけではないが、長いあいだの闘争を通じて——、私は注意をした多くの人から「思いやりがない」と言われているので——漠然とそう感じられるのである。

彼が告発しているのは「自己中心的な人」であり、その反対に「思いやりのある人」が位置する。言いかえれば「思いやりのある人」とは、自己中心的ではない人、つねに他人を「思いやって」行動している人である。

何度でも言うが、こういう「善良な市民」が猛烈な「音漬け社会」を支持しているのだ。アアセヨ・コウセヨという「優しい」放送を支持し、個人の人格を破壊し、怠惰な無責任な人々からなる幼稚園国家をつくる手助けをしているのである。

「自分がされたくないことは人にするな」というルールの危険性

まだ、首をかしげている人のために　もっと「よい」例を挙げてみよう。

「自分がされたくないことは、人にするな」という道徳の基本ともいうべきことを、親は子に幼児のときからきびしく教えたい。……現在の子どもの問題、とくにいじめは深刻である。しかし、その原因は教育、家庭、社会のさまざまの問題が複雑にからみ合って、けっして単純ではなさそうである。だが、あえて言うならば、生み育ててきた親がまず責任を感じるべきだと思う。「人に迷惑をかけるな」「自分がされて困ることは人にするな」という素朴なことを、あらゆる場でくりかえし教え、子どものみずみずしい心に染みこませる責任があると思う。……学校が悪い、社会が悪いという前に、まず子どもに接している親自身が「人を思いやる心」を身をもって教えることに最大限の努力をすべきだ。（高校講師　男　六三歳『朝日新聞』一九九六年四月二七日）

この人は「思いやりの心」を「自分がされたくないことは人にするな」というルールに引き寄せて理解している。私の訴えたいことは、このルールこそ「考えない社会」を「言葉を圧殺する社会」を「音漬け社会」をつくる元凶だということである。「人々の考え方や感受性はほぼ同じである」という前提がここにあり、このルールはマジョリティを擁護しマイノリティを排除する機能をもってしまうのだ。

たとえば、私は事故の場合以外いかなる車内放送も聞きたくない。いかなるBGMも聞きたくない。だが、他人と言葉を尽くして議論すること、他人から言葉で反対されることは大歓迎である。他人から言葉で注意されることすら大歓迎である。つまり、たぶんおおかたの日本人とは正反対の感受性をもっている。

（私のような）マイノリティにとって、「自分がされたくないことは人にするな」というルールは残酷きわまりない。マジョリティはおたがいにこのルールに従って、注意しあわず、議論をしあわず、駆け寄って助けあわず、質問をしあわない。よって、「暑くなってきましたので窓をお開けください」「座席を一人でも多くの人が座れるようにお詰めあわせください」「駆け込み乗車はおやめください」「押しあいますと危険です」「ご順になかほどにお詰めください」「無理なご乗車は危険です。次の電車をお待ちくださ い」「左右をよく見てすいた扉からご乗車ください」「エスカレーターをご利用の方は……」等々すべて放送がしなければならないことになる。

私はこう放送されたくないが、といってここに「自分がされたくないことは人にするな」というルールを適用しても、せいぜい私は「人にこのような放送をしない」ことにとどまり、そこから一歩も踏み出せないのである。

おわかりのように、「自分がされたくないことは人にするな」というこのルールは社会をあらたに改革してゆこう、意識を改革してゆこうというときにはまったく役だたない。というより最大の障害として立ちはだかる。このルールは、自分と他人がおおよそ同じ考え方、感受性をもっていることを前提にしており、ここにマジョリティの暴力がとぐろを巻いている。

そして、「いじめ」は、まさにこうしたマジョリティの暴力が支配する社会そのものが生み出したものである。みんな同じ感受性をもっていると妄信しているから、そこから外れた感受性をもつ——私のような音の氾濫《はんらん》に苦しむ——者は徹底的に救われない。「ほとんどの人は苦しくない」という暴力的論法によって無残に切り捨てられるのである。

私のみならず「静かさ」を求め駅や学校や商店街に苦情を訴える私の仲間たちは、「文句を言うのはあなただけです」という決まり文句によって退散させられる。それを、私の言葉に翻訳すると「みんななるべく管理されたく、なるべく甘えて生きたく、怠惰でありつづけ、責任を引き受けたくないのです。いつもいつも放送で注意されたいが、個人的に注意しあいたくなく、放送でアアセヨ・コウセヨと言われたいが、たがいに助けあいたくなく、なるべく他人とは言葉を交えたくなく、議論したくなく、考えたくないのです。ですから、あなたはこうした社会の秩序を乱す困った人です」となる。

「自分がされてもかまわないことでも、他人は鳥肌が立つほど嫌かもしれない」「自分がむしずが走るほど嫌なことでも、他人はまったく気にならないかもしれない」。「いじめ」を防ぐには、むしろ他人を自分の投影として見る態度を捨て、他人の気持ちが「わかったつもりになる」ことをやめ、他人を徹底的に自分とは「異質な者」として見る態度をやしなうことが必要であろう。他人は自分にとって「異質な者」であると自覚すればこそ、自分も他人から見たら想像を絶する「異質な者」かもしれないという自覚が生ずる。こうして、相互に「異質」であるからこそ、そこにおたがいに安易には介入することのできない領域を承認しあい、尊重しあう態度が開けるのだ。

マジョリティは他人の痛みをわかりあうというスローガンのもとに、自己と感受性が同質な他人だけを「思いやり」、異質な他人は切り捨てるのである。暴走族に対する痛みはわかりあう。携帯電話に対する痛みはわかりあう。しかし、エスカレーターの注意放送に対する痛みはわからない。BGMの痛みはわからない。こうして、マジョリティは平然とマイノリティの苦しみを無視しつづけながら、自分たちは「思いやりがある」と信じ込み、そこに罪の意識はまったくない。

これこそ「いじめ」の構造である。この事態を見過ごして「思いやり」や「優しさ」を説く人の目は節穴である。

放送により「マナーを徹底させる」暴力

思わず筆が滑ってしまった。もう少し「優しい」暴力的な人々を観察することにしよう。「優しい」人は、さらに何をするのだろうか。たとえば、新聞に次のような投書をする。


私が利用する池袋駅では、放送が流れているためか、喫煙者はあまり見かけない。しかし、もう一つの赤羽駅では、あまり放送がないためか、喫煙者を多く見かける。ある日、見かねて三人に注意をした。中年の男性は嫌な顔をしたまま吸いつづけ、若い男性は「すみません」と謝ってすぐ消し、中年の女性は苦笑してベンチを去り、離れた場所でまた吸いはじめた。

しかし、毎日こんなことはやっていられない。注意してトラブルになり殺されたりしてはかなわないからだ。かといって、禁止されていることを堂々と実行している人を見るのは、不愉快きわまりない。駅では頻繁に放送を流してもらいたい。それも違反者をとがめるインパクトのあるものを。（会社員　女　三〇歳　『朝日新聞』一九九二年一二月一六日）

彼女の声もまた、この国では多くの賛同を得ることであろう、彼女はタバコの被害を直接こうむっているわけではない。むしろ「禁止されていることを堂々と実行している人を見るのは、不愉快きわまりない」から放送を流してくれ、と訴えているのである。たぶん、彼女は「駅構内では禁煙にご協力ください」という甲高いテープ音がエンエンと流れるのを耳にすると、――不快どころか――うれしいのであろう。それを聞いて、みんながタバコを消す光景を目撃すれば、幸福を感ずるのであろう。そして、現にタバコを吸っておらず、吸うつもりもない、そこにいあわせる九九パーセント以上の人にとってその放送は必要ないことをつゆ考えないだろう。

私は彼女に以上の内容の手紙を出したが、返事はなかった。彼女は「優しい」人なのだ。自分の正義感を満足させるためだけではなく、「みんなのため」を思ってこう提案しているのである。ほとんどの人は、他人に直接注意することができない弱い人なのだ。自分さえ、三人まで注意してくたびれてしまった。とすると、注意する勇気のない数かぎりない人が、たえまない禁煙の放送を聞いて感謝するにちがいない。彼女はたぶんこう思っているのであろう。

そして、こうした彼女の要求は鉄道会社によっていとも簡単に受け入れられてしまい、それを暴力であるとする私の要求はけっして受け入れられない。タバコの煙なら一〇メートル離れれば逃れられるが、構内放送は駅のすべての空間をみたし、けっして逃げられないのだと私が主張しても、大多数の人はわずかのタバコの煙にいらだってもエンドレステープの轟音《ごうおん》にはいらだたないのだから、私の要求は絶対採用されない仕組みになっているのである。

横浜市では、タバコの吸殻（など）を捨てることは罰則も含めて禁止する、という市条例を実施している。先日のテレビでは、驚いたことに「みなさん、タバコの吸殻は捨てないでください。ポイ捨て（なんと下品な言葉を臆面《おくめん》もなく使うことだろう）禁止にご協力ください」というキンキン声のスピーカー音を発する広報車が市内を回る光景が映し出されていた。市役所には、いたるところタバコの吸殻が多く不潔だ、ポイ捨て禁止を徹底してもらいたい、という「善良な市民」からの訴えが多いそうである。

私がさっそく横浜市役所に電話し、「広報車を見つけたら停めてしまうぞ」「それは公務執行妨害です」「知っています。私は裁判にもっていきたいのだからちょうどいい」という過激な発言も含めてはげしく抗議した話は、もう読者には少々食傷気味だと思うので、このくらいにしておこう。

とはいえ、横浜市は横綱級の「スピーカー大好き都市」「管理大好き都市」であることはぜひ付け加えておかねばならない。とくに、ごみ収集車にスピーカーをつけて交通安全を呼びかける鈍感さには、たまげてしまう。

瀬谷《せや》署は、横浜市瀬谷区の市環境事業局事務所と連携、一八台あるごみ収集車に安全運転と違法駐車の禁止をうながす自作の録音テープを搭載して流すようにし、区域全体でのきめ細かな交通事故防止キャンペーンに乗り出した。(『神奈川新聞』一九九一年六月二二日)

その「見出し」には「テープ流し路地裏まで」とあり、テープの内容については「製作したテープ(四分間)は二〇本。BGMを入れ、シートベルトの着用、違法駐車の一掃、スピードの抑止などを呼びかけている」のだそうな。

同署では……毎日各家庭などのごみの収集に区内をくまなく走り回る収集車に、安全運転を訴える録音テープを搭載することを思い立ち……。

アーッと叫び出したくなる。瀬谷署を襲撃したくなる。しかも、驚くことには——いや驚くことはないのかもしれない——こうした毎朝のテープ音爆撃が「環境事業局」との「連携」でおこなわれていることである。私が瀬谷区に住んでいたら、引っ越すよりほかないであろう。

「地震に備えて三日分くらいの飲食物を用意しておきましょう。地震が起こったときは、隣近所声をかけて助け合いましょう」という馬鹿放送が入るのも横浜市バスである。

携帯電話はなぜ「うるさい」のか？

渋谷駅の井の頭線へ向かう階段では、「ここは左側通行です」というテープ音がたえず流れている。駅側の説明によると、乱れて昇り降りする群衆の真ん中でお年寄りがフラフラ立ち往生しているのを見かねて、ある人が左側通行を徹底させるように駅に訴えたからだそうである。

東京駅の京葉線に向かう動く歩道には、断続的に「お急ぎの方のために右側をお空けください」というテープ音が入る。それも、ある人が右側にも利用者がギッシリ立っておりディズニーランドのショーに遅れてしまい、マナーを徹底させるように頼んだからだそうである。

このように、「マナーを徹底させるために」放送してくれという依頼はあとを絶たないが、きわめて興味ぶかい――怒り心頭に発する――最近の投書から。

最近とみに多くなった携帯電話。電車内で使用している場合に出くわしたのは一回ではきかないはずだ。否応《いやおう》なしに耳に飛び込んでくるプライベートな会話につきあわされるのはほんとうに嫌なものである。何をかんちがいしているのか、優越感をもって使用していることに首をかしげたくなる。……

何か外圧か規制を設けないと守ろうとしない。新幹線がよい例である。再三にわたるアナウンスによって車内での使用は激減した。今はほとんどデッキに出て話している。それでJR一般路線、営団地下鉄、私鉄の関係者に、次の案内放送をお願いしたい。「車内での携帯電話の使用はほかのお客さまのご迷惑になります。次の駅で下車後使用してください」。これで次の駅で降りるか、電話を切ると思う。（会社員　男四一歳　『毎日新聞』一九九六年四月四日）

携帯電話の声がなぜ煩わしいのかについては、いろいろ説がある。

一、われわれの文化がまだこの形式に慣れていないので「ひとりごと」と同じく異様な感がし「気になる」のだ、という説。たしかに、街で前進する代わりに後ずさりする人、あるいは蟹《かに》のように横ばいする人を見かけたら、たいへん「気になり」できればやめてもらいたいと思う。

二、電話は相手の声が聞こえないので、ひとりでに自分が相手の立場に立ってしまうのだ、という説（建築家・藤森照信の説）。

だが、私はさらに根本的な理由があると思う。それは、「プライベートな会話につきあわされるのはほんとうに嫌なもの」とか「何をかんちがいしているのか、優越感をもって」という語調にも現れているとおり、私人が公共の場所で「私的なこと」をのうのうとわがもの顔で喋《しゃべ》っていることが許せないのだ。こうした人は、たぶん車掌がエンエンと車内放送を大音響で続けてもうるさくないのだろう。同じように「私的なこと」であるはずの「お呼び出し」でさえ、うるさくないのだろう。なぜなら、それは権力（電鉄会社）を経由し権力を背景にして発せられているからである。

「マナーを徹底させよ」と車掌や駅長に訴える人間は、「音」の権力構造につゆ疑問をもたない人間のようだ。その耳は、駅構内の放送であろうと商店街のBGMであろうと山手線の暴力的なボロンボロンベルであろうと、すべてパブリックな「音」にはことごとく寛容であり、いっこうにうるさいとは感じない。しかし、私人が発するヘッドフォンや携帯電話に対してはひどく不寛容でいきりたつのだ。そこに公私を選択する針が不思議なほど敏感に働いており、しかもそれに気づいていないのである。

そして、こうした（私にとっては）悪質な投書にJRは懇切丁寧に答える。

新幹線や在来線の特急列車での携帯電話使用につきましては、デッキなどの設備があり、周りのお客さまにあまりご迷惑とならないスペースが確保できることから、車内放送でご案内をおこなっております。さらに携帯電話の普及に伴い、お客さまから「首都圏の電車についても、携帯電話の使用マナーを守るように、呼びかけてほしい」

といういご意見が増えてまいりました。そこで、首都圏内の電車につきましても、周りのお客さまのご迷惑にならないような使用、ご協力について、車内放送、ポスターにより実施していくことにしております。よろしくおねがい申しあげます。（JR東日本営業サービス課長『毎日新聞』一九九六年四月一九日）

ここで、再度絶望的な思いで確認しなければならない。マジョリティは管理されたいのであり、アアセヨ・コウセヨと言われたいのである。いろいろな感受性の人がいるのだから、そこまでは許せる。

しかし、彼らは「一律に、禁煙の放送を、携帯電話禁止の放送をしてくれ」と訴えて、それが、――絶対的少数派ではあるが――ある人々にたえまない苦しみを与えていることに気づかない。その鈍感さ傲慢《ごうまん》さを、私は全身で告発したいのである。

防災無線による道徳的放送は不快である

私の住む練馬《ねりま》区では、夕方五時になると付近のスピーカーから空いっぱいに優しい女性の声が流れる。

「よい子のみなさん、五時になりました。さあおうちに帰りましょう。区民のみなさん、子供たちに一声かけてください。明日もまた素晴らしい一日でありますように」

……美しい響き。心のなごむひとときである。

『朝日新聞』のシリーズ「私の東京論」四六号（一九九三年一〇月一一日）冒頭の文章である。筆者は元東京女学館中学・高校校長の四竈経夫さん。この文章を見つけたとき、私は一瞬わが目を疑った。私にとって鳥肌が立つほど不快な放送を「美しい響き。心のなごむひととき」とはっきり書いてあるからだ。この違いは衝撃的である。

私は、さっそく四竈さんに手紙を書き、まもなく彼から返事があり、さらにそれに私が反論し、といういつもながらのコミュニケーションがしばし続いたが、それは割愛する。まず私がなぜこうした放送に不快なのか、言葉を尽くして説明しなければならない。

それは、「エスカレーターにお乗りのさいは……」というお節介放送よりはるかに深いところまで達して私の心をさかなでする。「明日もまた素晴らしい一日でありますように」私も――私固有の意味で――ねがわないわけではない。だが、もし私がそう口に出して祈った瞬間、自分の欺瞞《ぎまん》的態度にイヤ気がさすこともわかっている。他人から「明日もまた（あなたにとって）素晴らしい一日でありますように」という別れの言葉を投げかけられたとすれば、やはり私はいらだつであろう。

だが、この言葉がスピーカーにより空いっぱいに響いているのを聞くと、四竈さんは「心がなごむ」らしい。世界に私と四竈さんの二人だけしかいないのなら、両者の言い分は五分五分であろう。しかし、四竈さんは防災無線で一律にそこに住むすべての人の耳に入る仕方で「明日もまた……」と語ることを支持している。ここには、それを聞いて不快に思う人に対する配慮がまったくない。マイノリティを切り捨てる態度と表裏一体なのだ。

この人は——校長を務めただけあって——「管理好き人間」であり、しかもたちが悪いことに「道徳的人間」である。「道徳的人間」と「管理好き人間」が合体すると、(私にとっては)ゾッとするような「道徳的管理好き人間」が現出する。たえず他人に向かってお説教を垂れている校長先生や小・中・大企業の社長や坊さんたちは、たいていこの種族に属する。訓話ばかりくりかえしているうちに——これを何十年でも続けられるということだけでも、私にとっては想像を絶する鈍感なことなのだが——それを、強制的に聞かされることに耐えられない人がいることが、わからなくなるのである。

問題は訓話の内容ではない。いかなる道徳的言葉といえども、暴力的になりうるのであり、その扱いには細心の注意を払わねばならない。四竈さんは「明日もまた素晴らしい一日でありますように」という文句の代わりに「明日も天皇陛下に感謝しましょう」という放送が防災無線から流されたら「心がなごむ」であろうか？

鳥取空港に向かうバス（日の丸バス）の中で、突如「人の平等はみんなの願いです。差別のない明るい社会をめざしましょう！」という放送が入り、私は空港に着くまでの一五分間ずっと黒々とした不快感にみたされたが、四竈さんはこの放送にも「心がなごむ」のであろうか。

道徳的傲慢さの筆頭は、ある道徳的言葉はだれが聞いても快いだろうと妄信することである。だが、むしろ事態は逆なのだ。いかなる道徳的言葉でも、だれかをはげしくいらだたせないものはない。

世の中には――これも残念ながらマイノリティなのだが――いかなる道徳的呼びかけも嫌だという人がいる。そうではなくとも、だれでも（四竈さんにも）かならず「言ってもらいたくない道徳的言葉」があるものだ。防災無線で道徳的内容を伝えることを企画した人、あるいはそれを聞いて「心がなごむ」と感じる人には、その人の最も嫌いな道徳的言葉――たとえば「明日も他人《ひと》にだまされないように気をつけましょう」「明日も仏さまの御心のままに生きましょう」等々――が毎日とどろく場合に置きかえて、具体的にわかってもらうよりほかはない。なぜなら、こういう人は想像力が病的に欠如しているのであるから。

今年の一月一七日正午、私の勤める電気通信大学の正門をくぐろうとすると、どこからともなく大音響でスピーカーの音が聞こえてくる。

今日は……阪神……淡路……大震災から……一年目です……なくなった方や……被害に遭われた方のために……黙禱《もくとう》しましょう……

その音量たるや、三万坪の大学構内すべてに響きわたるもので、道路から五〇メートルほど離れた建物の六階にある私の研究室のアルミサッシの窓を突き抜けて聞こえてくるほどである。「ああ、また優しさの暴力だ！」。私は深い憤りにかられて、すぐ調布市役所に電話で抗議した。

——ウチの叔母も西宮にいてあの地震で一家四人がみな死にました。私はしかし、防災無線という暴力を使って、見ず知らずの人に半強制的に黙禱してもらいたくありません！

じつは、叔母の家は窓ガラスにわずかにひびが入っただけで、みんなピンピンしているのではあるが……。

我慢ならないスピーカーによる布教活動

キリスト教のある宗派は、繁華街や住宅地をスピーカーから「悔い改めなさい。神はあなた方をご覧になっています……」という放送を垂れ流しながら練り歩いている。ここには、自分が確信する「よいこと」を強引に広めようとする最も悪質な暴力がある。

私はこうした「信心深い」人々と何度も渡りあったが、——冷静に考えてみれば当然のことながら——啞然《あぜん》とするほど言葉がかみあわない。新宿駅南口では、停車した車の上にとりつけたスピーカーからくりかえし「悔い改めなさい……」という大音響が放出されている。なかをのぞくと若い男が眠っていたので、窓をトントン叩《たた》き、彼と議論した。

——あなたは、こういう放送を聞いて不快な気持ちになる人のことを考えないのですか。やめなさいよ！

——「よいこと」を放送しているのだから、不快な人がいるわけはない。

——それがいちばんの傲慢ですよ。では、あなたの家の前でイスラム教の大音響放送を毎日してもいいのですか！

——それは違う。ここは、街中です。街中には悪質な放送がたくさんある。歌舞伎町のアノひどい放送はどうですか。文句を言うなら、あなたはああいう堕落した放送に抗議すべきですよ。

「一理ある」とは思ったが、私は約束の時間に遅れるので「また抗議しますよ」と言ってその場を去った。私の背中をめがけて、さらにヴォリュームを上げて「悔い改めなさい……」という爆音が襲いかかってきた。

ある日の午後、近くの静かな住宅地を歩いていたとき「イエスはあなたに代わって十字架にかけられたほどあなたを愛しておられたのです……」というスピーカー音が聞こえてきた。その方向に走ってゆくと、自転車にスピーカーをつけ西洋人がそれをゆっくりと引き、そのあとから日本人が新聞を各家のポストに投げ入れている。あたりの静寂は、この轟音《ごうおん》によってかき乱され、私はなぜだれも抗議に飛び出してこないのか不思議で仕方なかった。

そのときの「対話」も、ほぼさきほどと同じように進行したが、流暢《りゅうちょう》な日本語を操る西洋人は、待っていましたとばかり私に「イエスの愛」について説教しようとするので、それをさえぎって、

――聞きたくない。あなたは、聞きたくない人にも強引に聞かせるという暴力を考えないのですか！　少なくとも、みんなが聞きたいわけではない。

――だれが、この放送を聞きたくないと言いました？

――今、病気の人も、昼寝をしている人も、読書している人もいるでしょう。たとえ、その内容が正しいとしても、スピーカーで各家に侵入するやり方は悪質な暴力ですよ。

――私は神さまの命令にしたがってやっているのです。あなたは神さまではないのに、なぜ私はあなたの言うことを聞かなければならないのですか？

「なるほど」と一瞬思ったが、このたびは自転車をドンと蹴《け》り、スピーカーをドンとたたいてそこを去った。

今のところ、こうした暴力的布教活動はそんなに頻繁に住宅街に入ってこないから、

まだ耐えられる。もし、これが毎日防災無線のように大音響で流されたら、生きたこちはしない。私の知人の一人は、この暴力的布教活動が嫌なために、日本を脱出し今スウェーデンに住んでいる。

あなたは「キリッポン国」に住みたいだろうか？

そこで、――マジョリティといえども商店街のスピーカーや防災無線からたえず「悔い改めよ」と言われることは望まないだろうという想定のもとに――読者は次のような架空の国を思い描いていただけば、私の苦しみが多少実感的にわかってもらえるかもしれない。

その国の名前は――ニッポンではなく――キリッポンである。そのキリッポン国は――ニッポン教ではなく――キリスト教の狂信者でありかつ「優しい」人であふれている。その国では、朝は防災無線からの「おはようございます。きょうも神を敬い神のご意志のままに生きましょう！」という大音響放送とともに始まる。そして、正午にも「みなさん、罪は犯していませんか？　罪を犯さないように気をつけましょう！」という放送が各家のガラス窓を蹴破って侵入してくる。夕方には賛美歌の大音響とともに「よい子のみなさん。五時になりました。さあ、おうちに帰り、きょうの無事を神さまに感謝しましょう。明日もまた神さまが私たちをお守りくださいますように」という放送が入る。

海水浴場でも、一〇種類は下らない放送がたえず流れつづける。

泳ぐ前には無事を神に祈りましょう／お弁当をもってきた人は神に感謝して食べましょう／ゴミはあなたの心が汚いことの証拠です。神はすべてをご覧になっています。ゴミを片づけましょう。

もちろん、そのあいだ賛美歌は流れつづけ、「呼び出し」放送の前にはかならず「みなさん、きょうも素晴らしい日であることを神に感謝しましょう」という「枕言葉」が入る。バスの中にも賛美歌のBGMが流れ、さまざまな注意放送が入る。

きょうも、健康で幸福であることを神に感謝しましょう。次は○○です。お客さまに申しあげます。異教徒には用心してください。次は○○です。神を信じて誘惑には強い心で抵抗しましょう。次は○○です。お客さまに申しあげます。狭い門から入りましょう。滅びに至る門は広いのです。終点○○です。どなたさまも罪を犯さないようご注意ください。

電車内も放送だらけ。

扉が閉まります。罪を犯した人は悔い改めましょう。まもなく○○です。電車の中に罪の臭いがしてきました。お気づきの方は「主の祈り」をお唱えください。次は〇〇です。お客さまにおねがいします。ただいま春の信仰週間です。どなたさまも、信仰をかたくもち、邪悪な気持ちをふり払われるようご協力おねがいします。

駅構内では。

お客さまにおねがいします。駅構内はすべて異教的行動は禁止されています。異教的活動はほかのお客さまのご迷惑になりますので、お控えねがいます。まもなく急行〇〇行がまいります。ご乗車のさいは、左右をよく見て誘惑がないかご確認ください。

そして、改札口ではエンドレステープで。

切符の取り忘れおよび罪への誘惑にご注意ください。切符の取り忘れおよび罪への誘惑にご注意ください。切符の取り忘れおよび罪への誘惑にご注意ください。切符の取り忘れおよび罪への誘惑にご注意ください……

あるいは、新幹線の駅改札口では。

きょうも新幹線ご乗車中罪を犯さずありがとうございました。乗車券をお見せのうえ特急券のみお渡しください。きょうも新幹線ご乗車中罪を犯さずありがとうございました。乗車券をお見せのうえ特急券のみお渡しください。きょうも新幹線ご乗車中罪を犯さずありがとうございました。乗車券をお見せのうえ特急券のみお渡しください。

……

そして、エスカレーターでは長々とテープで、

エスカレーターにお乗りのさいは、自分の胸に手を当てて罪を犯していないかお調べください。人を裁くことはやめましょう。汚い言葉を口にすることは慎みましょう。旅人をもてなしましょう。ベビーカーはたたんでご利用ください。あなたの幼子が神に祝福されますように。よい子のみなさん、きょうもみんなを愛しましたか。悪魔の誘惑に勝ちましたか。神さまはいつでもみなさんをご覧になっていますよ。……

この辺でやめておこう。キリッポン国とはこんな国である。そして、その国であなたが「放送はやめてくれ。聞きたくない人の権利も守ってくれ」と叫んでも無駄である。なぜなら、ほとんどの人はこうした煩瑣《はんさ》な放送が「気にならない」からであり、聞いていないからである。

いや、もっと切実である。いったん駅構内でちょっとしたいざこざがあれば、ただちに「放送でもっと信仰を徹底させてください」という要望が入るのだ。そして、霊園で置き引きに遭うと「もっと丁寧な信仰放送がなかったから、置き引きされたのだ！」と事務所にどなりこみ、デパートで自分の子が「あれ買って！　これ買って！」と駄々をこねると「もっと信仰放送を徹底させないからこんなことになるのだ！」とデパート側を叱りつけるのである。

しかも、それが毎日毎日続くのである。そして、それを訴えてもみんな「そんな、ささいなこと」と顔をそむけ、あるいは「文句を言うのはあなただけです」と言って相手にしてくれないのだ。あなたは、こうした国から脱出したくならないだろうか？

5 「察する」美学から「語る」美学へ

「音漬け社会」解体に向けて

　これまで現代日本の「音」の実態を報告してきた。私ひとりがいくら駆けずりまわり、どなりつづけても、この「音漬け社会」を変革することはできない。その中にドップリ漬かっているほとんどの日本人は、これが「問題」であることすら気づかない。いや、いくらたいへんなことだと説得しても、ぜんぜん「気にならない」のだから、すぐに忘れてしまう。エイズ問題、人口問題、資源問題もたいへんなことだが、つい日常にかまけて忘れてしまうのとは質が異なる。なぜなら、こうした大問題とは異なり、日々これでもかこれでもかと現に「音」を浴びているのに、（私から見れば）人権蹂躙《じゅうりん》の暴力的音環境に置かれているのに、まったく苦しくないのだから、変革する気さえ起こらないのも当然のことなのである。

「音」問題は、車によってわが国だけで毎年一万人前後が殺されることを知りながら車を捨てることができない、という車問題とも性質が異なる。なぜなら、この場合はみな車の危険性、暴力性を知りながら、便利であるというより大きなメリットを選んで手放さないからであり、つまり車問題は車が危いことは百も承知のうえの確信犯なのである。

だが、「音」を発する側はくりかえしのテープ音が、一律の放送が、防災無線が、事故防止のため、広範囲の連絡のため、マナーを徹底させるため、暴力であり人権侵害であると知りながら、流しているのではない。それを受け止める側も、そうした目的を実現するために暴力と知りつつ許容しているわけではない。ここには双方にまったく「悪い」という意識がないのだ。よって、車問題より解決が困難だとさえ言える。

「音」問題のこの独特の難しさを自覚したうえで、最後の章では――これまで数々のヒントは与えたが――「音漬け社会」を克服するにはどうしたらよいか、を具体的に考察してみよう。基本的には「私が」もはやこの暴力には耐えがたいからであり、そして、「もっと静かな日本」を望む人が、――ほんのわずかであろうと――きっといると信じているからである。

「音漬け社会」を解体するには何が必要か？　答えは、さしあたりきわめて単純のように思われる。それは、「察する」ことを縮小し、「語る」ことを拡大することである。日本人が真の意味で「語らない」こと、「対話をしない」ことが、現在の騒音地獄をかたちづくっている、と私は確信している。しかし、じつはこれは、日本文化の「根っこ」を掘り起こすほどの大改革なのだ。語らず察すること――この延長上に「思いやり」や「優しさ」が来る――、これこそ、われわれ日本人の美意識、行動規範の根幹をかたちづくるものだからである。

以下、その難しさを自覚したうえで、あえて「察する」美学から「語る」美学への文化大革命の提案をしたい。

私はさまざまな大学で哲学やドイツ語を教えているが、いつも初日に教室に入るや、ジッと押し黙り、机にうずくまるようにいくぶん恨めしそうにこっちを観察している眼、眼、眼の群れを見て、ほんとうに全身崩れるほどガックリしてしまう。

肩の力は抜け、教える意欲も一瞬消え失《う》せ、いっそ「カッ！」とどなって教室を飛び出したくなる。こちらが何を語ろうが無表情、黒板に字を書くと漠然と写しはじめる。そして、私の身体《からだ》で黒板の字が見えないと、自分の身体をずらせる。そのうち遅れてきた学生がノッソリと入ってきて、黙って席に着く。「何か質問は？」と聞いても無言。「わかった人？」と聞いても無言。「わからない人？」と聞いても無言。何を聞いても無言……。

これに関してはおもしろい話がある。アメリカ人大学教師がある日教室に入ると、蒸し暑かったので「窓を開けていいですか？」と窓際の女子学生に尋ねた。だが、彼女は当惑し、周りを見回し、押し黙ったままである。そこで、次の学生に聞いてみたが、やはり同じ反応。その教師はたいへん驚いた、ということである（参照『欧米人が沈黙するとき』直塚玲子、大修館書店）。

このアメリカ人は「はい、どうぞ」とか「いいえ、困ります」というごく単純な反応を期待していたのだが、日本人である私には（そして、たぶん多くの読者にも）学生たちの反応はよくわかる。彼女たちは「他人の思惑を考えて」自分だけの判断で返答することができなかったのである。彼女の逡巡《しゅんじゅん》には、われわれ日本人が千年以上かかってつちかってきた「美徳」が根を張っているのだ。この話は、日本人の言語行為における基本的態度に関して、大きなヒントを与えてくれる。

第一に、教師と学生とのあいだには確固とした線が引かれており、教師には「みんな」を相手に喋《しゃべ》る役割のみが期待されている。さきのアメリカ人教師はこの期待を突如破ったので、学生たちは当惑を覚えた。

第二に、たとえ、自分が「窓を開けてもよい」と思ったにせよ、それはアッという間に「他の人は違うかもしれない」という声に押しつぶされてゆく。「窓を開けてもよい」という思いがフッと浮かぶか浮かばないかのあいだに、何か知らない圧力によってピンと張った空気の中で言えなくなってしまう。いや、さらに正確に言えば、一瞬頭の中が真っ白になってしまい、自分が何を聞かれたのかわからなくなってしまう。「窓を開けてよいかどうか」という質問の内容はつかめたが、答えがサーッと消えてしまうのだ。

第三に、アメリカ人教師のじっと自分を見る目にさらされながら、これはアメリカ人にはたぶん「おかしな」反応なのだな、という考えがよぎりつつ、一瞬の逡巡を英語で説明はできず、とはいえいまさら“Yes, please”と言うのも恥ずかしく、モジモジしてしまう。

この場合は、相手がアメリカ人であり、英語で質問されたということもあって、附帯的な要因もからんでいるが、この学生たちの反応、すなわちパブリックな場で発言することに強力なブレーキがかかることは、日本人の行動様式の基調とも言えるものである。

ある日、新幹線こだま号の車掌に「なぜ、いちいち乗りかえの煩瑣な放送をするのですか。乗りかえる人は全乗客のごく一部なのだから、必要な人がそのつど車掌さんに直接聞けばすむことでしょう」と抗議したところ、「いや、車掌に聞く勇気のない人もいるのです」という答えが返ってきた。

子どもに「語らせない」先生たち

われわれは小学校入学以来、いやもっと前から真の意味で「語る」ことを完全に剝奪《はくだつ》されている。だれが剝奪したのか。両親であり、先生であり、友達であり、つまり周りにいるすべての人々がだ。しかも、こうした人々は戦前の暴君的父親や教師のように、「黙れ！」と暴力的にどなって黙らせるわけではない。「言い訳を言うな！」「口答えするな！」と頭から決めつけるわけでもない。むしろ、柔和な顔をくずさず、懸命に聞こうとする姿勢をとりながら、じつは語らせないのである。

それはこういうことである。私が「語る」というとき、それは言葉を発するという意味より狭い意味で使っている。西洋哲学において「対話（ディアローグ）」という言葉が指し示すものに近い。つまり、どこまでも一対一の関係であり、個人がそのつど特定の相手に「語る」というかたちを意味している。そこにいかに大勢人がいても、このかたちは基本的に維持される。場合によってAはそこにいる一〇〇人すべてに話しかける場面があるかもしれない。しかし、それを受けて、BはまさにA個人に対して「それはおかしい」と発言できなくてはならない。

だが、こうした「対話」の原則をこの国ではよってたかって押しつぶそうとする。その暴力はいくら強調してもしすぎることはない。たとえば、「何でも質問しなさい」と言いながら、おおかたの先生は発せられる質問が特定の子Aの質問であることを認めようとしない。そこに自分とAとの一対一の場が開かれることを認めようとしないのである。

教室における質問とは、質問してよいとき、質問してよい内容、質問してよい方法……などかずかずの規準をクリアしたものでなければならない。だから、多くの子どもはそれを考えると質問できなくなるのである。いや、さらに強力な口ふさぎがある。質問は「みんなのことを配慮した」質問でなければならない。自分勝手な「質問」はご法度なのである。いや、さらにまだある。はじめのうちはニコニコ聞いている先生も、ある子が「でも、先生……」「まだわからない、先生……」としつこくすがりつくことを嫌う。教室という場でだれも質問を独り占めしてはいけない。それは「わがまま」なのである。

とすると、「何でも質問しなさい」という言葉がじつは大ウソであることを子どもたちは次第に全身で見抜いてゆく。そして、子どもたちは知らず知らずのうちに、むしろ「語らないほうが得」であることを学んでゆくのである。

読者が自分の小学校、中学校、高等学校の教室風景をチラリとでも思い出しさえすれば、いかにものわかりのよい先生でも、この点に関しては「管理大好き人間」であったことに気づくであろう。「語る」ことにこれだけの枠をはめて「語れ！」と言うのは、鎧《よろい》を着たまま「泳げ！」と言うのに等しい。とても残酷なことなのである。先生は以上の規準をすべてみたした「正しい」質問しか受け入れてくれない。そんなめんどうなことをだれがしよう。大努力のすえ質問したとしても、なんらかの「掟《おきて》」にひっかかり傷つく。その結果、嫌な思いをするのだ。だが、質問しなければ、不愉快なこともない。鎧を着たまま泳げと言われて泳ぐヤツが馬鹿なのだ！　水に飛び込まなければ苦しむこともない。

子どもたちがこうした考えに傾いてゆくのもごく自然な気がする。そして、子どもたちは質問しなくとも発言しなくともはげしくとがめられないことを知っている。沈黙したほうが「得」なのだ。だからみな沈黙するのである。

「語る」者を排除する構造

「遠足は高尾山に決まりました」と先生が報告し、みんなワーイとうれしがっているなかでひとり「ぼく、高尾山なんて行きたくないや。海がいい」と語るS君は素晴らしい。だが、わが国でこう言うと、先生は眉《まゆ》をひそめ「そんなわがまま言ってはいけない」とか「もう決まったことだから」とかのロジックをもってきて、S君がなぜそう「言った」か理由を聞こうとしない。職員室で同僚に「Sは問題ですねえ。こんなこと言うんですから」とぼやき、場合によっては親にまで連絡して「お子さんはこんなこと言ったんですよ。何かご家庭で心あたりありますか？」と探りを入れる。

高尾山に行きたくない子がいても当然ではないか！　どんなお人よしの先生といえども、クラス全員大喜びで高尾山に行きたいとは信じていないだろう。不満をボソボソかげで言うことは問題ではない。帰り道に「ネエ、先生高尾山なんか嫌だあーっ」と甘えて言うことすら問題ではない。だが、教室でみんながいる場で堂々と「語る」ことが大問題なのである。つまり、Sが言った内容ではなく、Sが言った「場」が問題なのである。

難しいことを承知のうえで、とくに全国の先生方に申しあげる。先生は生徒が「語った」ことの背後を探るのではなく、まず何より「語ったこと」そのものの中に飛び込まねばならない。そして、その子からありとあらゆる言葉を引き出さねばならない。この段階でけっして「語る」ことを拒否してはならない。そのうえで「カクカクの理由でやはり高尾山にします」と言えばよいのだ。

一般的に、そしてとくに教室においては「私は〜が嫌だ」「僕は〜したくない」という個人の声を封じてはならない。すべて「言わせて」から、正面から反論するべきである。めんどうかもしれない。くたびれるかもしれない。しかし、けっしてこれを避けて通ってはならない。

私はウィーンの日本人学校で英語・ドイツ語の講師を四年間務めたが、そこで「語る」ことをあまり封じられていない生徒たちを見てきた。教室はアメリカンスクールから転校してきた子、ほとんど日本のことを忘れている子たちであふれているのだから、雰囲気が祖国とは違ってくるのも当然であろう。中学生でさえ(?)ハイハイと手が挙がる。そして、出てくるのは「先生、目の悪い人は、thisとthatをどう区別するんですか?」というような素朴な質問だらけ。そして、これに対してだれも笑わない。英語の長文を聞かせたあと、次々に短文を読みあげ内容に一致したものを選ばせるテストのときも、まちがった文になるとクスクスどころかワッハッハと笑い出して試験にならない。

それでも彼らは日本人学校の生徒だから、帰国してもそれほど問題はないようであるが、「現地校」に長く通った後帰国した子どもはたいへんのようだ。大沢周子《おおさわちかこ》さんの『たったひとつの青い空』(文藝春秋)には、その「たいへんさ」が鮮やかに描き出されている。いくつもの印象的な場面があるが、そのうちの一つ社会科の時間中のエピソードを――少々長いが――引用してみよう。

先生は黒板に「日本の貿易の特色」と大きく板書した。生徒はノートを広げてエンピツを走らせる。日本の貿易は原料を輸入し、製品を輸出する加工貿易である、と先生は話し、カメラ、テレビ受像機、自動車などと板書した。さらに最大の相手国はアメリカ合衆国です、と話は進む。アキラは手を挙げて「話してもいいですか？」と発言の許可を得た。

「質問ですか？　何かわからない日本語がありましたか？」「いいえ、アメリカにどんなにいっぱい日本のものがあふれているかを、クラスメイツに話したほうがいいでしょう？」。そのとき、いっせいに「ガクッ！」という声があがった。先生は「ガクッ！」というざわめきにはかまわず、そうか、話してごらんとアキラをうながした。「ロックばかりを放送するラジオ局があるんです。それを聞いていると日本のオートバイのコマーシャルばかりです。ホンダ、スズキ、ヤマハ、カワサキと叫んでいます。そしてフリーウェイは……」

ふたたび「ガクッ！」という声が、教室のあちこちからあがる。先生は「はい、わかった。竹内君のアメリカの話は、またいつか、別のときにしてもらおう。授業にもどって」と言って、アメリカへの輸出量が全輸出量の五分の一になる、というグラフを黒板に書いた。先生の「授業にもどって」という言葉にアキラはひっかかった。アキラとしては、自分の話は先生が教室のみんなに教えようとしていることを、ふくらます材料になると思って話しはじめたのである。授業中の発言のつもりだった。

この先生が「語らせない」先生の典型である。一見ものわかりのよい態度をとり、けっして頭ごなしに「語る」ことを拒否しない。しかし、生徒がトウトウと語り出すやブレーキをかける。そして、ほかの生徒たちの拒絶反応「ガクッ!」を間接的に支持するのだ。この引用のしばらくあとに「四〇分後、授業が終わるまで、私語をささやく生徒はいたが、発言した生徒は一人もいなかった」とある。

アキラがはじめて登校した日、ホームルームの時間に英語で自己紹介するときの光景も印象的である。この先生も「ものわかりがいい」。「アメリカからの転校生竹内が、英語で自己紹介します。みんな静かに聞きなさい。竹内のスピーチが半分くらいわかる者にはヒヤリングテストは合格点をやろう」という具合である。だが、だれも聞いていない。その部分を引用する。

隣同士のおしゃべりつきあいは続いていた。前の数人がアキラの顔を見つめていたが、アキラの声はざわめきにかき消された。先生は〔黒板に書かれた〕「静粛」の二文字を指示棒でコンコンたたいたが効き目はなかった。アキラはスピーチを中止して、学級全体を見回した。それから思い切って「静かにしてください」と叫んだ。生徒は一瞬驚いてアキラのほうを見たが、「ホラ、静かにしろとさ」「アメリカ人が怒ってるぜ」とふたたびざわめきが始まった。

こうした状態が重なるにつれて、先生たちもアキラを冷たい目で見るようになり「いじめ」は生命の危険段階にまでエスカレートするという話である。私もウィーン大学で、わが国ではとうてい許されないだろうと思われる場面にかずかず出くわした。そのうち二つほど挙げておこう。

一、大学の哲学の演習で。ある学生（K君）が毎回教授を質問ぜめにする。その質問たるや長くて長くて三〇分はかかる。しかし、教授はけっしてそれをやめさせることはない。最後まで聞いて、それに答える。するとまたK君が質問する。というふうにして、授業はほとんど教授とK君との「対話」に終始してしまう。そこには一〇人くらいの学生がいたが、こんな授業だから、回を重ねるうちにだんだん少なくなる。しかし、教授もK君もまったく意に介さない。ついに、教授とK君とその対話をおもしろがっている私の三人だけになってしまった。この場合、ほかの学生がK君に「やめてくれ」と「言った」のなら、そこでK君は態度を変えたかもしれない。しかし、だれもそうは言わなかった。みな放棄してしまった。だから、K君には落ち度はないのである。

二、これも大学でのこと。じつは私自身がしかけたことなのだが、私は卒業間近で、最終口頭試問（リゴロースム）の準備で大学中を走り回っていた。つまり、私が五人の試験官を決めたうえで各試験官と試験内容を確定しなければならない。ある日、授業中にしかつかまらないと、エイッとドアを開けその教授の授業に侵入した。そして、授業を中断させて、「私の」試験の計画を二人で討議した。教授も私もノートを出して、エンエン一五分以上。「いいえ、その日はギリシャに行きますから駄目です」「いいえ、その日はほかの試験日と重なります」。そこに出席していた七、八人の学生たちが「やめてくれ」と「言わなかった」ので、私は続けたのである。

「語らない」人々の群れ

言うまでもないことだが、子どもたちが「語らない」文化を発明したわけではない。それは、正確に大人たちの態度の反映である。大人たちもまた「語らない」社会に生きている。

上野駅でのことである。あまりに呼び出しが多いのでグリーンカウンターに抗議に行った。ここまでは、今までの話と同じである。係員は気がなさそうに私の主張をノートに取っている。ここまでも、いつもと同じ。そのとき、若い女の人が「呼び出しをしてください」と駆け込んできた。私はとっさに立ち上がり、彼女に向かってゆこうとしたら……それまで、つまらなそうに係員と私の問答を聞いていた所長がアタフタ飛び出してきて、二人で両手で柵《さく》を作って彼女を私から守り、頭を下げながら、必死に言う。

——おねがいです。やめてください。お客さん！　おねがいです。申し訳ありません。おねがいです！

私は何のことかわからず、しばらく私の前で絶叫して頭を下げている二人を見ていた。彼女もポカンとしている。しばらくして私は答えた。

——私は別にあの人を殴ろうとしたんじゃないんですよ。ただ、ちょっと自分の意見を言いたかったのですが……。

——わかりました。ですが、それはおやめください！

——なぜですか？　わかりませんねー。上野駅では客同士喋《しゃべ》ってはいけないんですか？

——お客さまに無礼があるといけませんので。

——私も「お客」なんですけど。

——どうか、きょうのところは、おねがいですから、お引き取りください！

つまり、私はグリーンカウンターというパブリックな場で個人的に動こうとしたので、二人とも驚きあわてたのである。いちばん基本的なルールを破ったので、びっくり仰天したのである。

おわかりであろうか？　「語らない」ことは「沈黙すること」ではない。じつは、われわれ日本人はよく喋る。結婚式の挨拶《あいさつ》は長すぎて閉口するし、会議もアアデモないコウデモないとみみっちく議論しつづける。研究開発や新製品開発に関してはとても熱心な討議が続くし、消費者も不良品を購入したときはけっして黙っていない。

だが、私の意味する「語ること」とは、こうした言葉の熱心な使用そのものではない。それは、アキラが社会科の時間に「話してもいいですか？」と言ったように、スピーチの途中で「静かにしてください」と言ったように、あるいは私がグリーンカウンターで呼び出しを申し込んだ女性に異議をとなえようとしたように、いかなるパブリックな席でも「自分の個人的立場から」何ごとかを「語る」ということである。

わが国の風土はこれを徹底的に排除する。生徒たちの発する「ガクッ！」は、そのルール違反者に対する驚きと排除をたくみに表している。先生たちは、日々（この意味で）生徒たちに「語ってはならない」と言いつづけているのである。であるから、われわれはパブリックな場で「自分自身の個人的立場から」語れと言われた瞬間に、足がすくみ喉《のど》がつまってしまう。「窓を開けていいですか？」と聞かれても何も答えないさきの女学生たちに違和感を抱く人でも、次の光景にはハタと思い当たるのではないか。

しかし、昨今、〔混雑した電車の中で〕ほっぺたに本を押しつけられても、顔をしかめて耐えている人がいます。背中や胸の突っ張りで、自分のからだがさらに押されて苦しい状態なのに、歯を食いしばって我慢している女性がいます。組んだ足の靴が、スカートやズボンに触れていても、ちらっと相手を批判がましく眺めるだけの人がいます。そういう人が「普通」になりました。(『路地裏の人権』田中正人、明石書店)

降りるときには「降ります、通してください」と「言えば」いいし、扉の前に立っている人には「扉の前に立たないでください」と「言えば」いいし、ヘッドフォンのシャカシャカがうるさければ「もう少し音を小さくしてください」と「言えば」いい。私はすべて実行しているが、(上野駅のようなこともあるが)ほぼいつも聞いてくれる。

ほんとうに不可解なのは、暖房の効きすぎた電車の中でいくら暑くてもハンカチで汗を拭《ぬぐ》いながらフーフー言って「語らない」人がほとんどのこと。勝手に近くの窓を開ければいい。手が届かなければ「窓際の人、ちょっと窓を開けてください」と「言えば」いいのだ。これはきわめて難しそうに見えるが、じつはそうでもない。

たしかに、私がこう「語る」と電車の中には一瞬ギクッとした空気(まさに「ガクッ!」)が流れる。が、それも気にならなくなった。むしろ、最近では私がこう「言った」とき相手が何を「言う」かを期待しているが、みな私の言うことを素直に聞いてくNしまうので拍子抜けである。

ただし、無視しつづけるという戦法に遭うこともある。ある日、電車の中で両親に挟まれて座っている一〇歳くらいの男の子の近くに八〇歳くらいのお婆さんが立っているので、私はその男の子に向かって直接「きみ、立たないか？」と言ってみたところ、男の子は両親を交互にキョロキョロ見てどうしようかと目で問う。しかし両親とも私の言葉が聞こえなかったかのように無視し、それから三人ともシーンと黙ったままであった。

私は——イジワルなことに——、それからずっと終点まで一〇分以上彼らの目の前に立っていた。私は男の子が「ぼく、疲れているから立ちたくないんです」と答えてもまったくかまわないのだ。これが「語ること」なのだから。一〇歳にもなって親が出てくることはないとは思うが、父親か母親が「この子は今脚が痛くて長く立っていられないのです」と弁解することも「語ること」である。そして、日本でいちばん出にくいセリフ、それは「いえ、うちは老人だからといってむやみに席を譲ることはないと教育しております」と平然と「語る」ことである。ああ、いつかこんな素晴らしい人にめぐり会いたいものだ！

ある日、京王線のつり革広告が目にとまった。股《また》を広げ新聞紙を広げて座っている男の写真が枠内にあり、その外では「座りたくても、席をつめてとはなかなか言えない、とおばあちゃんは言ってた」という文章が添えられ、男の子が考えこんでいる。この広告は、「なかなか言えない人を察して、言われなくともつめなさい」という趣旨なのだろうが、「言えない」人をここまで擁護することはないのだ。老人でも「言えば」いいのである。京王帝都電鉄は、そのくらいの勇気をもつことこそ宣伝すべきであろう。

おもしろい光景を目にしたことがある。乗り込んだ電車の中で隣りあって座っている二人の男がブツブツずっと言いあっている。親子のようでもなく知人のようでさえない。耳を澄まして聞いていると、次のようなセリフが聞こえてくる。

――さっき、ぼくが座ったときに、あなたの脚がぼくの脚に当たったので、やめてくださいと言ったのですよ。

――じゃ、あんたは電車中の人に脚を組むなと言うのかよ。

――そんなことはしませんよ。

――ほらあいつ脚を組んでいるから注意してこいよ。

――脚を組んでも迷惑にならなければいいのです。

「言う」ことはたいへんな怒りをかうのだな、と再確認しつつ聞いていると、「言われた」ほうは一〇分ほどしてブツブツ言いながら降りた。そして、その次の駅で「言った」ほうが降りたので、私もつづいて降りて彼に追いつくなり、カクカクの思想によりあなたの行動に感動しました、とエールを送った。

われわれは「言われる」ことにもっと馴《な》れなければならない。「言われた」こと自体にではなく「言われた」内容に向けて反論することを学ばねばならない。しかし、このことこそ、教育現場では小学校以来まったく教えられていないことなのである。先生にとっていちばん大切なことは、まずいかなる荒唐無稽《こうとうむけい》なことでも生徒の言うことを「聞く」態度をやしなうことである。しかし、それはただちに「聞き入れる」ことではない（参照『家庭のなかの対話』伊藤友宣、中公新書）。「聞く」ことと「聞き入れる」ことの違いが、この国ではとりわけ強調されねばならない。

「優しさ」が「いじめ」を産出する

ここに「いじめられ」自殺した息子の葬儀に関する新聞記事がある。

秀明さんは数回、発言を求め「いじめる側は、秀猛のように我慢強くて優しく、絶対に口を割らないタイプを選ぶんです」「遺書で名前の出た子は、秀猛の遺体の前で厳粛な気持ちで謝ってくれるだけでいい。それ以上は親として求めません」などと心情を積極的に語った。（『朝日新聞』一九九六年一月二九日）

「我慢強くて優しく、絶対に口を割らないタイプ」こそ、この国の大人たちが営々とつくりあげてきた模範人格、つまり「美徳」のかたまりである。秀猛君は、この国の文化（の暗黒部）にあまりにも適応してしまった犠牲者と言えよう。

専門家はいろいろ論じているが、私は「いじめ」問題も、やはり「語る」ことを封じるこの国の文化が産んだ鬼っ子であると信じている。言いかえれば、「察する」ことを要求し「語る」ことを封じる日本の麗しい文化が産んだ副産物である。いじめられ自殺した子どもたちは、なんと「語る」ことか。語って語って語り尽くすことか。その長い長い遺書を見せつけられて、私はいつもうなってしまうのである。

そして、注目すべきことに、彼らは両親や先生を恨んではいない。心配かけまいとして、軽蔑《けいべつ》されまいとして、弱い駄目な人間と見られたくなくて死ぬまで「語らなかった」。つまり、彼らは両親や先生という大人が何を望んでいるか、よく知っているのである。真の意味で「語らせてくれない」ことをよく知っているのだ。だから、「語らせない」文化を営々と築きあげている両親や先生も、多くの場合自殺するまで「気がつかなかった」のである。

いじめられ遺書を残して死んでいった子どもたちに向かって多くの大人は叫ぶ。「なぜ、そうまで我慢したのだろうか？　なぜ『いやだ！』と言わなかったのだろうか？」と。鈍感にもほどがある！　あなた方が「語らせなかった」のだ。「いやだ」と言わせなかったのだ。「いやだ」と言うことすらできないように教育したのだ。いつもいつも「他人の思惑を考えよ」「思いやりをもて」「他人に優しくせよ」という美辞麗句で子どもをがんじがらめに縛り、「いやだ！」と叫ばせる能力を奪ったのだ。「他人を傷つけても、自分の名誉を守らねばならない」ことがあること、「他人に対する思いやりを捨てても自分の命を救わねばならない」ことがあることを教えなかったのだ！

「いじめ」問題が困難をきわめるのは、その解決がわれわれ日本人の規範意識・美意識と正面からぶつからねばならないからなのだ。つまり、「いじめ」とは日本人の美徳に反するものではなく、正反対に「優しさ」や「思いやり」や「耐えること」という日本人の美徳それ自体がつくりだしたものなのである。

世の大人たち、とくに先生方は「いじめ」は他人に対する「優しさ」や「思いやり」がないためだ、と決めつけるが、じつは事態は完全に逆なのであって、「優しさ」こそ「いじめ」の原因なのである。「優しい」からこそいじめられ、「優しい」からこそそれに耐えるという関係、この意味で「優しさ」が「いじめ」を誘導し、「いじめ」を支えるという構造には理解不能なものは何一つない（まだわからない人は、またこの本のはじめから読みかえしていただきたい）。

そこの街角の買い物かごをさげたオバさん、優しそうなパパ、真面目そうな学生、おだやかな顔をした老人が「いじめる」土壌をせっせとつくっているのだ。子どもたちに「優しさ」を押しつけ、彼らが「察する」ことを尊び、「語る」ことを封じているのだ。彼らの「言葉」を「叫び声」を無視しつづけ、しかも――これがいちばん恐ろしいことであるが――その暴力にいっこうに気がつかないのである。


「言い方に気をつけろ！」

しかし、この国が人々に「語らせない」仕組みはさらに根深いものである。じつはだれでも知っていることであるが、この国では「語る内容」より「語り方」に細やかなルールがあり、それに厳密に従うことが要求されるのである。そうでなければ、いかに「よいこと」でもとがめられる。「なんであんな言い方したんだ！」「もっと言い方に気をつけろ！」という小言が飛びかう国である。いや、ひとことひとこと他人を傷つけないように「言い方」に細心の注意を払わねばならない。言葉使いには、石橋をたたいて渡る、いや薄氷を踏むような態度が期待される。この「掟《おきて》」を破った者はきびしくとがめられる。もはや、言った内容は問題にならない。「言い方」が悪いのだから、弁解の余地はないのだ。「どんなに相手を傷つけたか、考えてみろ！」とどなられつづける。だからみんな黙っているのである。

これに関しては三つほど例を挙げてみる。

最初は、NHKの朝のドラマ『ひまわり』を何げなく見ていたらぶつかったもので、「やっぱり」という配慮のない言葉に関する問題。一九歳の少年がアルバイト先で万引きの疑いでつかまる。少年のロッカーから現金が出てきたのだが、それは自分が貯金した金である。濡《ぬ》れ衣《ぎぬ》であることははっきりしている。しかし、彼は警察のいかなる尋問にも家族との面会にも口を利かない。みな、いらいらしてくる。そして、八日も過ぎたころ、姉と弁護士に向かって金網ごしにふと「店長が『やっぱり』と言ったんだ！」と語りはじめた。

少年は信頼を寄せる店長に、ずっと前に父が女性問題がらみで家を出ていったことを語っていた。その店長が、万引きの疑いが自分にかかったとき「やっぱり」と言った。それは、ふしだらな家庭に育ったから、という思いから出た言葉であろう。もう万引きのことなどどうでもよくなった。絶対あの「やっぱり」を許すものかと思い、もうだれとも喋《しゃべ》るものかと決めたということである。そんなに苦しんでいたのか、と姉は泣きだす。話はもう少し複雑なのだが、弁護士が店長に「あなたは自分が言った言葉がどんなに他人を傷つけたか知らないのか！」とどなる場面が続く。

本書を長々と読んでくださった方にはもう説明の必要はないとは思うが、この少年の態度に私はいちばん反対したいのである。前章の「『優しさ』という名の暴力」とテーマは同じであるが、ここでは「やっぱり」というひとことが問題になっている。そのひとことにより、少年は店長を一方的に切り捨て、さらに言葉自体を拒否してしまった。私は、こうした（店長のではなく少年の）暴力に安易に共感してはならないと思う。「やっぱり」という言葉を使った人の「思いやりのなさ」に視線を向けるのではなく、「やっぱり」という言葉にこだわり相手を切り捨てる態度に視線を向けるべきだと思う。

この国では、こうしたかたちで切り捨てられるから、みな恐ろしくて「語れなく」なる。みな、こういうかたちでたがいに「語る」ことを封じているのだ。

次の二つは文字どおり「語り方」の問題。春休み、ウィーンに二週間行っていたが、その帰りの成田エクスプレス内でのことである。数席離れたところにいる女の子のキャー・ウワーという声がたまらない。もちろん両親も一緒で「パパいやだあっ！　今度はママ」とゲームでもしているらしい。いつか言ってやろうと機会をねらっていたが、私の向かいでうつらうつらしている若い女性がその子のキャーという声のたびにピクッと目覚め、またウトウトし、またキャーでピクッと目覚めるという往復運動をくりかえしていたが、ふと隣の妹（らしき人）に「あの子うるさいねえ」とつぶやいたので、私は「言ってきましょう」と席を立った。

そして、ツカツカとその席に行き女の子（六歳くらい）に向かって直接「きみ、うるさいよ！　電車の中には疲れた人もいるんだから、大きな声を出してはいけないよ！」と言った。そばの両親が「すみません」と頭を下げ、はたして女の子の叫び声は消えた。そして、東京駅につく直前（つまり一時間近くしてから）、両親が今度は私の席まで「人に注意するときは言い方を考えてもらいたい」と抗議にきた。

――いきなり、「きみ」とはなんですか。

――子どもに「きみ」と言ってはいけないのですか？

――驚くじゃないですか。

――私も日本人ですから、親に向かって丁寧に「すみませんが、ちょっとお嬢さんの声が大きいようですが……」という言い方くらい知っています。私は子どもに言ったほうがよいと考えて意図的に実行しているのです。説明すれば長くなりますけど。

――そうですか。でも、私たちは一週間たいへん楽しい思いをしてきたのに、これでブチコワシになってしまいましたよ。

――仕方ないんじゃないですか？　あなた方もたぶん一週間のあいだ多くの方の楽しい思いをブチコワシにしてきたように思いますから。ただ、みな私のようにはっきり言わないだけなのですから。

これだけはっきりと抗議にくることは立派だと感心した。しかも、お父さんのほうはどこまでも冷静で、「それにしてもねえ！　ものの言い方ってゆうものがあるでしょう！」と血相を変えている奥さんに「まあまあ、それはもう言ったから」となだめる態度などあっぱれである。ここはきわめて重要なことである。彼は私の言った内容にはまったく反対していないのだ。「おっしゃることは当然だと思います」とまで言っているのである。だが、どうしても許せないのは、私の「ものの言い方」の配慮のなさ、それに私が両親を介さず娘に直接言ったことである。

そう言えば、私に竿竹《さおだけ》を振り回して追いかけてきた竿竹屋も、九時前に轟音《ごうおん》スピーカーでガナりたてながら、私が追いつき運転席をのぞき込みながら「うるさいよ！　もっと小さくしなさい！」といきなり大声で抗議すると、「なにおーっ」と扉を開けて出てきて、「人に頼むには言い方ってもんがあるだろう！」と迫ってきた。それからの彼の

「言い方」は「おまえ、何だよぅ。とっととあっちいけよ」というようなヒドイものであったが、それでも私がどかないと激怒して竿竹を振り上げたのだ。

また、春休みのウィーン滞在中のこと。フォルクスオーパーという主にオペレッタを上演している劇場がある。ある日その扉を開けたら、びっくり仰天。そこには五〇人ほどの日本の制服女学生の群れがいたからである。彼女たちは赤い絨毯《じゅうたん》の敷きつめてある階段をバタバタ駆け上がり、さて会場入口の扉でまた自分の席がわからない。「わかんなーい、わかんなーい」と叫んでいる。やっと全員席についてまたびっくり。最高の席（バルコンの正面一列目と二列目）にずらっと黒い髪の制服が陣取ったのである。その後ろにタキシードやロングドレスの老人たちがいる。休み時間になり、少女二人がチョコレートとジュースを会場にもち込んで「ねえ、ここで食べていいのー？」とJTBの若い添乗員に甘ったれた声で聞いている。「さあ、どうかなあ。いいんじゃないの」

ここで私の怒りは爆発した。半分くらい席に残っている少女たちの真ん中で大声で言った。「ここでは、食べてはいけない！　飲んでもいけない！　廊下や階段を駆けてもいけない！　そんなこともわからないんですか！」。すると、JTBの添乗員が「何ですか？」とびっくりして私に近づき、もう一人の添乗員も加わり、私を廊下の隅に連れて行った。

二人の抗議は「なぜあんな言い方をするのですか」という点と、「なぜ彼女たちに直接言うのですか」という点の二つに絞られた。つまり、あのお父さんの抗議と同じである。私はあのお父さんに対してと同じように答えたが、彼女たちもまたこれによって「楽しい思いがブチコワシ」になったことであろう。

「日本古来の美徳」を一度全部捨ててみたらどうだろうか？

最後に、「察する」美学から「語る」美学への変形法則をここに掲げておこう。これが実行できないとしたら、あなたはやはりこの「音漬け社会」を承認している、いやもっときびしい言い方をすれば「音漬け社会」の加害者なのである。

一、つねに自分の視点を忘れず、いかに多くの人が反対しようと「私は～したい」「私は～したくない」と一度は語ってみる。その後（場合によって）全体に従う。

二、言葉使いをなるべくそっけなくする。つまり、「言い方」に過度の配慮をしない。

三、なるべく他人の発した言葉の裏に隠された感情、思惑、意図を探ることをせず、あえて文字どおりの意味をとらえるようにする。「あの人どういうつもりでこんな言葉を吐いたのだろう」とクヨクヨ考えることをやめる。

四、「言葉の問題ではない！」「えらそうなことばかり言いやがって、全然なっていないじゃないか！」等々、言葉を圧殺する言い方にはどこまでも抵抗する。

五、他人が沈黙する自由は認めるが、それを尊重しない。「なんで彼女、黙ってしまったのだろう」と深く考えない。

六、美辞麗句にみちた社交辞令を避ける。「本日はお忙しいところ遠路はるばる……」「学会の末席を汚すものとしましては……」「いろいろ至らないところはございますが、ご容赦いただきたく……」「ますますのご指導ご鞭撻《べんたつ》おねがいいたします」等々。つまり、パーティーの挨拶《あいさつ》はできなくなるかも……。

七、自分を「へりくだる」言葉使いをやめる。つまり、すべての人になるべく同じ言葉使い、相手に「おもねる」言葉使いで対する。

八、他人にどなられたり罵倒《ばとう》されたときは馬鹿なやつだと言って切り捨てるのではなく——かならず「言い返す」。

九、他人に誤解された場合は、かならず真っ向から弁明する。逆に、他人の弁明はけっしてさえぎらず、いつまでも聞く。

一〇、相手の語る内容がわからなかったら、ただちに質問する。逆に、自分が語っている内容についてはどんな質問も受ける。

一一、悪口や注意はすべて本人の面前で言う。子どもにも。

一二、相手を傷つけるから、あるいは心配かけるから言わない、という態度をなるべくやめる。「どうしたの、顔色悪いよ」と親に言われたら、「なんでもないよ」と答えるのではなく、「きょう、学校でカンニングしてつかまった」と答える。

もっともっと続くのである。おわかりであろう。まさに、「察する」美学から「語る」

美学への転換は、日本古来の礼儀や美徳をかなぐり捨てることなのだ。私は「察する」美学の利点を残しながら「語る」美学をも取り入れてなどという、きれいごとでは駄目だと思う。われわれが「語る」ことを取りもどすには、あえて他人を「察する」ことをやめなければならない。「察する」ことに鈍感にならなければならない。そして、その分だけ「語る」ことに鋭敏に勤勉にならなければならない。そこまでしなければ駄目なのだ。そこまでしなければ、この「音漬け社会」から脱することはできないのである。

最後にスローガンを。あまり他人に「思いやり」をもたないようにしよう。あまり他人から「優しさ」を期待しないようにしよう。何ごとにつけ「察し」が悪くなろう。そして、その代わり言葉を尽くして語りつづけよう！

あれっ、だれも拍手してくれないんですね？？？

あとがき

本書は、これまでさまざまなところに書いた「音漬け社会」に対する告発文を素材に、単行本にまとめたものです。「まえがき」をはじめ、以前書いたものをそのまま引用したところもありますが、かなりの部分を補充し書き直しました。はじめ、もう少し日本文化論的色彩の強いものにしようかとも思いましたが、「事件」を次々に書いてゆくうちに、忘れかけていた怒りがふたたびこみあげてきて、結局は「戦闘記」になってしまった！

今となっては、これでよかったと思っています。なお、もう少し「理論的なもの」をお望みの方は、同じ苦しみを味わっている仲間たち（ドイツ語には“Leidensgenossen”というピッタリの言葉があります）と刊行した『静かさとはなにか』（第三書館）をお読みいただければ幸いです。

本書で参照（一部引用）した拙論を挙げておきます（なお、拙論以外でも引用文の表記は適宜変え、〔　〕内は私が補ったものです）。

一、「騒音文化批判」『中央公論』一九九一年六月号
二、「嫌音権と交通機関」『運輸と経済』一九九一年一二月号
三、「バスの車内放送をめぐる奮戦記」『AMENITY』一〇号、一九九二年二月
四、「〈発車ベルの新概念〉について」『日本音響学会誌』四八巻五号、一九九二年五月
五、「静穏権とディスクルス倫理」『帝京技術科学大学紀要』四巻二号、一九九二年一〇月
六、「自他ともに傷つけて戦うほかはない――夏の江ノ島海岸の放送をめぐる戦闘記」『AMENITY』一一号、一九九三年一月
七、「もう我慢ならない機械音の氾濫《はんらん》」『中央公論』一九九三年三月号
八、「機械音による注意放送の野蛮――人間の能力枯らす」『毎日新聞』一九九三年八月三〇日
九、「騒音と〈文化〉――日本的騒音とは何か」『文化会議』二九一号、一九九三年九月
一〇、「闘いの成果はある」『AMENITY』一二号、一九九三年一一月
一一、「今後の運動を前進させるには」(田中喜美子さんとの対談)『AMENITY』一三号、一九九四年九月
一二、「その音は聴きたくない――サウンドスケープ論批判」『AMENITY』一三号、一九九四年九月
一三、「〈日本的騒音〉の根を求めて」『中央評論』四六巻三号、一九九四年一〇月

一四、「機械音恐怖症」『本』一九九五年三月号
一五、「人権無視の騒音地獄――歩きながらゆったり会話できる街に」『夕刊フジ』一九九五年九月二二日
一六、「騒音倫理学の可能性」『静かさとはなにか』第三書館、一九九六年一月

そのほか、「新聞の投稿」は次のもの。

一、「まずなくそう〈親切な〉騒音」『朝日新聞』一九八九年一〇月二二日
二、「テープ録音の挨拶不快」『朝日新聞』一九九一年一二月二七日
三、「電車内の大声周囲には迷惑」『読売新聞』一九九二年四月二八日
四、「駅での不作法、直接注意すれば」『毎日新聞』一九九三年七月七日

じつを言うと、私はそろそろくたびれてきたのです。本職は「哲学」なのですから、残りの人生をスピーカー音との戦いで終わりたくはありません。無常迅速！　メメント・モリ（死を忘れるな）！　読者のみなさん、肩代わりとは言わないまでも、「重荷」をいっしょに背負い私の肩にくいこむ重さを和らげてくれないでしょうか？

本書の刊行までには紆余曲折《うよきょくせつ》がありましたが、洋泉社を紹介してくださった構造主義生物学者の池田清彦さん、ありがとうございました。また、洋泉社の秋山洋也さん、長

いことお世話になりました。

一九九六年六月一六日（父の日）

中島　義道

角川文庫版へのあとがき

本書の「歴史」は長い。一九九六年八月に洋泉社から単行本が出たが、それが思わぬ反響を得て、朝日新聞の「天声人語」まで取り上げてくれた。その後、いろいろなメディアで紹介され、私はＮＫＨのラジオ放送に出演したり、講演を引き受けたりした。"The Japan Times" に大きく取り上げられ、"Chicago Tribune" にまで記事が出た。ある映画会社がこのテーマで作品を作るという話を聞き、オランダのテレビ局の取材もあった。その孤軍奮闘ぶりから「戦う哲学者」というニックネームまでいただいた。本書は一九九九年一一月に新潮文庫に、二〇一一年一月には日経ビジネス文庫に入れられた。そして、このたび角川文庫に収録されたというわけである。

このあいだ、一九九八年一一月に『うるさい日本の私、それから』というタイトルの続編も刊行し、それは後に二〇〇一年四月に『騒音文化論』と改題して、講談社＋α文庫から刊行し、さらに二〇〇五年六月には『日本人を〈半分〉降りる』と改題してちくま文庫から出すことになった。

そして、「姉妹編」として、二〇〇六年一二月に新潮選書から『醜い日本の私』が刊行され、それも二〇〇九年一二月に新潮文庫に入った（いずれ、角川文庫からも刊行予定)。「世に出ること」へのまさにえげつないほどの執着である。

他の拙著に関して、私は売れることには比較的淡白であるが、この「三部作」に関しては、そうではない。なぜなら、私は身体の底から、わが国の街特有のうるささ、醜さに怒っており(具体的には、本書の内容を読んでください)、そして、ほとんどの同胞が(環境問題や差別問題に取り組んでいる人も)このことに無関心であることに怒っているからである。そして、多くの人に読んでもらいたいと心から願っているからである。

しかし、運動はさらに難しくなっているようである。ことに東日本大震災以降、「絆《きずな》」とか「思いやり」という美名のもとに、私が提起している問題が抹殺されてしまいがちである。最近のニュースを取ってみれば、保育園が「うるさい」という周辺住民の声により建設が見送りにされたことに対して、子供の声を「うるさい」という人はもっと豊かな心になれないものか、非寛容なぎすぎすした社会になっていくのはたまらない、子供の声が消えた社会は恐ろしい……という「優しい」論調がわがもの顔にまかり通っている。その意見が、「温かい心」や「思いやり」や「優しさ」という衣装を着ているからこそ、これに抗議することは難しいのだ。

なお、少数ではあるが、同じ問題を真剣に取り組んでいるグループ『静かな街を考える会』を紹介しておこう。彼らは、まさに静かに根強い活動を続けており、定期的に機関紙『AMENITY』を刊行し、それはすでに三三号に達している。代表はイギリス国籍でオーストラリア育ちの翻訳家ディーガンさん。彼は日本に住んでもう四五年を越えるが、一時そのうるささに日本を去ることを考えもしたが、自分と同じ悩みを抱える人種が少数ながらこの国にも棲息《せいそく》していることがわかり、思いとどまり運動を続けている。ご関心のある方は、次に連絡してください。

C・J・ディーガン
〒一九八―〇〇六三　青梅市梅郷　五―一〇三三―二
電話　〇四二八―七六―二二六四
christopher_john_deegan @ ybb.ne.jp

最後に、本書が角川文庫に収録されることにご尽力いただいたKADOKAWAの郡司珠子さん、ありがとうございました。二〇年も前に刊行された本書がなお装い新たに「生きている」ことに感動しています。

二〇一六年四月一五日

中島　義道

単行本　一九九六年八月　洋泉社
文庫　　一九九九年一一月　新潮文庫
　　　　二〇一一年一月　日経ビジネス文庫

うるさい日本《にほん》の私《わたし》

中島義道《なかじまよしみち》

平成28年 5月25日　初版発行
令和 6 年 11月25日　7 版発行

発行者●山下直久

発行●株式会社KADOKAWA
〒102-8177　東京都千代田区富士見2-13-3
電話　0570-002-301(ナビダイヤル)

角川文庫 19808

印刷所●株式会社KADOKAWA
製本所●株式会社KADOKAWA

表紙画●和田三造

ISBN978-4-04-104482-7　C0195

角川文庫発刊に際して

角川源義

第二次世界大戦の敗北は、軍事力の敗北であった以上に、私たちの若い文化力の敗退であった。私たちの文化が戦争に対して如何に無力であり、単なるあだ花に過ぎなかったかを、私たちは身を以て体験し痛感した。西洋近代文化の摂取にとって、明治以後八十年の歳月は決して短かすぎたとは言えない。にもかかわらず、近代文化の伝統を確立し、自由な批判と柔軟な良識に富む文化層として自らを形成することに私たちは失敗して来た。そしてこれは、各層への文化の普及滲透を任務とする出版人の責任でもあった。

一九四五年以来、私たちは再び振出しに戻り、第一歩から踏み出すことを余儀なくされた。これは大きな不幸ではあるが、反面、これまでの混沌・未熟・歪曲の中にあった我が国の文化に秩序と確たる基礎を齎らすためには絶好の機会でもある。角川書店は、このような祖国の文化的危機にあたり、微力をも顧みず再建の礎石たるべき抱負と決意とをもって出発したが、ここに創立以来の念願を果すべく角川文庫を発刊する。これまで刊行されたあらゆる全集叢書文庫類の長所と短所とを検討し、古今東西の不朽の典籍を、良心的編集のもとに、廉価に、そして書架にふさわしい美本として、多くのひとびとに提供しようとする。しかし私たちは徒らに百科全書的な知識のジレッタントを作ることを目的とせず、あくまで祖国の文化に秩序と再建への道を示し、この文庫を角川書店の栄ある事業として、今後永久に継続発展せしめ、学芸と教養との殿堂として大成せんことを期したい。多くの読書子の愛情ある忠言と支持とによって、この希望と抱負とを完遂せしめられんことを願う。

一九四九年五月三日